石 油 技 师

（39）

中国石油天然气集团有限公司人力资源部 编

石油工业出版社

内 容 提 要

本书以文集的形式介绍了技能人才培养、班组管理、经验分享、现场疑难分析与处理、技术革新等内容。有助于一线员工提升业务素养、提高业务水平。

本书可供石油石化各企业基层操作人员阅读。

图书在版编目（CIP）数据

石油技师 . 39 / 中国石油天然气集团有限公司人力资源部编 . —北京：石油工业出版社，2022.8

ISBN 978-7-5183-5459-7

Ⅰ . ①石… Ⅱ . ①中… Ⅲ . ①石油工程－工程技术－文集 Ⅳ . ① TE-53

中国版本图书馆 CIP 数据核字（2022）第 106641 号

出版发行：石油工业出版社有限公司

　　　　　（北京安定门外安华里 2 区 1 号楼　　100011）

　　　　　网　　址：www.petropub.com

　　　　　编辑部：（010）64255590

　　　　　图书营销中心：（010）64523633

经　　销：全国新华书店

印　　刷：北京中石油彩色印刷有限责任公司

2022 年 8 月第 1 版　　2022 年 8 月第 1 次印刷

889×1194 毫米　开本：1/16　印张：6.25

字数：155 千字

定价：15.00 元

（如出现印装质量问题，我社图书营销中心负责调换）

目 录
Contents

《石油技师》总策划　刘明锐

《石油技师》编辑部

主　　编　王子云　李　丰
副主编　胥　勇　吴　莺
责任编辑　吴　莺
主　　办
　　　　中国石油天然气集团有限公司
　　　　中国石油天然气股份有限公司　人力资源部
协　　办
　　　　勘探与生产分公司
　　　　炼油与化工分公司
　　　　销售分公司
　　　　天然气销售分公司
　　　　中石油管道有限责任公司
　　　　海外勘探开发分公司
　　　　工程技术分公司
　　　　中油工程有限公司
编　　辑　《石油技师》编辑部
通信地址　北京市朝阳区安华西里三区18号楼
邮政编码　100011
投稿网址　http://syuj.cbpt.cnki.net
编辑部电话　(010)64255590
设计印刷　北京中石油彩色印刷有限责任公司
出版日期　2022年8月

扫一扫，关注技能中油微信公众号

浅谈如何应用标杆管理提升基层员工培训效率

◆ 陈树勇　张孝宁　柳转阳

标杆管理是不断寻找和研究同行一流公司的最佳实践，并以此为基准进行比较、分析、判断，使自己企业得到不断改进、创造优秀业绩的良性循环过程，是一种面向实践、面向过程的以方法为主的管理方式，基本思想是系统优化，业务流程环节解剖、分解和细化，通过寻标、建标、模仿实施，不断完善和持续改进来提升自己。

1 提升基层员工培训效率的必要性

1.1 "人才强企"战略落地生根的具体行动

党的十八大以来，要求全党、各企业特别是中央企业要牢固树立人才引领发展战略地位，推动人才强企战略纵深发展，着力培养建强"三支队伍"，即培养对党忠诚、勇于创新、治企有为的经营管理人才队伍；培养掌握关键核心技术、引领技术创新的专业科技人才队伍；培养爱岗敬业、技艺精湛、善于创造性解决难题的技能人才

队伍。中国石油天然气集团有限公司（以下简称集团公司）已将人才培育作为人才强企深入落实的根本遵循。因此，开展员工培训模式探索与创新，为培育高素质、高技能人才提供有效支撑，是落实"人才强企"战略的具体行动。

1.2 "油公司"模式深化改革的必然举措

"油公司"模式构建了扁平短精的组织架构，推行大工种大岗位设置、弹性岗位设置，需要实行一岗多责、一专多能，精干岗位用工。管理、技术人员做到"两懂一精通"，即：生产管理人员做到懂经营、懂政工、精通本职业务，经营管理人员做到懂生产、懂政工、精通本职业务，党务政工人员做到懂生产、懂经营、精通本职业务，专业技术人员做到懂生产、懂经营、精通本职业务；一般操作人员做到"一精两会"，即：精通本职技能、会安全风险辨识、会事故应急处理；技师以上高技能人才达到"一岗精、两岗通、三岗懂"，即：精通本岗技能、掌握一个相近工种操作技能、了解一个相关工种知识。因

此，全面推行精准培训，实施差异化员工培训，提升培训效率是必不可少的重要举措。

1.3 建设高质量"千万吨油田、百亿方气库"战略目标的根本需要

"十四五"期间及相当一段时间，辽河油田公司将全力建设高质量"千万吨油田、百亿方气库"，需要人才支撑才能实现。围绕这一战略目标，加强能力素质对标，对员工提出了新的要求和挑战，更需要各单位精心培育符合岗位需求、一岗多能的高素质人才队伍，为油田发展提供强有力的人力资源保障。

1.4 解决现行培训管理体系培训效率较低的有效手段

目前，由于夜班实行"倒班制"，一线岗位员工相对紧张，部分单位统筹安排不合理，出现培训学习给生产工作让路，造成培训学时不能保证；由于师资力量相对不足、师资水平参差不齐，教案内容缺乏针对性，培训方式、方法单一，员工学习兴趣不浓等导致培训效果不好；由于缺乏行之有效的管理制度，配套激励机制不健全，缺少职业晋升通道等导致员工学知识、钻技术的积极性不高，与先进培训管理体系横向对比存在较大差距。因此，必须突破惯性思维，重新认识和定位员工培训工作，与时俱进，创新培训管理，探索全新的员工培训管理模式。

2 基本内涵

借鉴标杆管理方法，开展培训现状调研，以岗位需要和员工需求为导向，优化顶层设计，确定岗位培训目标；按岗位职责要求及能力评估结果细化、量化岗位培训内容，按照 ABC 分级对岗位培训频次、掌握程度建立培训矩阵；完善培训管理制度，优化培训方式，创新培训载体，注重培训评估和反馈，强调持续完善和改进，打造员工培训新模式，提升员工培训实效。

3 主要做法

3.1 深入开展调研，进行培训寻标

根据"油公司"扁平化改革的岗位设置及能力要求，通过培训需求调查问卷、走访调研等方式，认真收集各站、各组、各层面的培训需求及建议，兼顾专家评比要求，从业务能力、HSE 素养、应急知识、个性需求等方面综合考虑，科学制定培训目标、内容清单。

3.1.1 优化顶层设计，确定岗位培训目标

总体目标：岗能匹配，HSE 素养提升，高技能技师、专家人才不断涌现，操作岗持证率 100%，技能鉴定一次性通过率 90% 以上。

管理及专业技术岗做到"两懂一精通"，操作岗做到"一精两会"，技师以上高技能人才达到"一岗精、两岗通、三岗懂"。

3.1.2 按岗位职责要求细化、量化岗位培训内容

（1）以业务技能为内容建立岗位技能培训清单。根据"油公司"模式改革压缩层次，重组机构后岗位设置特点、任职要求，分专业、分层次、分岗位按照业务能力、HSE 素养、应急知识三个板块编制管理岗、技术岗、操作岗技能培训清单，组织人员整理相应的培训资料，并以此作为岗位基本能力刚性考核评估内容；运用 ABC 分类法依据岗位要求"学习知晓、独立应用、指导他人"三个掌握程度建立培训矩阵，分级确定培训频次、考核要求，提高培训的针对性、严肃性、可行性。

（2）以应知应会知识为内容建立岗位 HSE 培训项目表。根据岗位职责细化工作内容、巡

检标准、关键操作、风险因素、常见违章、事故案例、应急处置措施，量化工作参数，分专项和常规项目建立岗位 HSE 培训项目简表，便于员工自我学习和工作提醒，提高培训的灵活性、指导性。

（3）以调查需求为导向建立拓展知识培训内容集。根据改革后"一岗多责、一专多能"的要求，结合现场调研结果，按照管理、技术、操作岗位性质分类别建立通用知识和以管理方法、写作、法律、标准规范、视频制作等内容为主的拓展知识培训内容集，提供相应的书籍、网站、课件、业余拓展课堂等学习途径，满足培训的个性需求。

3.1.3 开展岗位能力评估，实施靶向培训

（1）定期能力考核评估，明确员工技能弱三项。依据岗位能力评估清单开展年度全员能力评估，采取业务能力、HSE 素养、应急知识分别占比 40%、40%、20%，理论与实操相结合的方式进行评估，总结出各岗位、各员工的弱三项，为下步培训内容明确调整方向，提高培训的靶向性。

（2）开展自我评估，明确自我技能短板。组织、引导各岗位结合工作实际开展自我能力评估，以班组、机关职能组为单元对照岗位职责和工作中出现的不足照镜子、查漏洞，采取自评和互评的方式找出每名员工及班组的技能短板。

（3）整合评估结果，优化靶向培训内容。汇总岗位能力评估、自我评估结果，建立岗位能力评估和能力弱项台账，按照"适用、有效"的原则，综合考虑教案、课件、师资等情况，充分利用已有资源制定靶向培训内容，为下步培训打好基础。

3.1.4 以技术专家为标杆，引导员工参与专项提升培训

以中华技能大奖获得者、集团公司技能专家为引领，以"油田公司、厂级技能技术专家"为核心，加强宣传指引，并通过事迹案例、待遇明示等方式激励、引导员工以专家为标杆、以最佳实践为示范参与专项提升培训，将部分新员工、有想法有意愿员工作为重点培养对象，让他们从思想上重视技术素质、从行动上自觉学习，坚定员工"要学习、能学好"的信心，营造敢拼爱学的氛围。同时，根据专家评比要求，合理确定专项提升培训内容、方式。

3.2 完善培训管理制度，提高管理效能

在严格执行培训管理办法的基础上，根据新形势重新修订《员工培训管理实施细则》等制度，做到培训有计划、教案有评选、效果有评估、执行有考核、需求有途径、方式有创新。同时，通过宣贯辽河油田公司关于逐步引入岗技工资与技能鉴定等级挂钩、第二技能鉴定奖励等政策，引导员工积极参加技能学习和技能鉴定；通过实施高端引领、重点培养、点面结合的方式，搭建主体工种长效培训平台；通过协调资源，以能力水平、业绩贡献为依据，体现岗位价值差异，配套完善管理运行机制，畅通人才发展路径，培养造就结构合理的人才队伍。

3.3 优化培训方式，提高培训时率

3.3.1 优化在岗培训

在岗培训是指员工不脱离岗位，利用业余时间和部分工作时间参加的培训。利用早会、班前、班中等时间由站长、技术尖子采用讨论、现场示范、演练等形式对身边同事进行岗中培训；利用技能专家、兼职教师上站采取一对一、一对

多的方式开展"走动式"培训；根据近期大家共同需求或特定要求利用班后回教室、夜校等形式开展集中专项培训；利用监督检查、安全观察与沟通、走访调研等场合对员工开展应用培训，化整为零、积少成多地增加培训时间，提高培训及时性。

3.3.2　合理脱产培训

脱产培训是指员工离开工作岗位，去专门进行知识或技能的学习。根据生产实际组织员工参加换季、转岗、技能鉴定等专门脱产培训；组织班组长、生产骨干、技术比武、特殊工种等专项培训；安排技能人才、管理岗位拓展脱产外派培训，合理脱产增强培训效果。

3.3.3　推行岗位复训

岗位复训是指组织在岗员工利用专门时间回炉培训。岗位员工在从事一定时间相同的职业工作后，往往会渐生惰性，操作由熟练而变得机械、麻木，甚至将规定的程序简化"吃掉"。对于在某一岗位工作一段时间后的在岗员工进行岗位复训，紧密结合生产实际，按需施教，根据实际工作中出现的问题和需要，缺什么补什么，以温故而知新。复训的内容包括：规范的职业技能培训，职业道德培训，HSE知识培训，实际工作中存在问题的研讨。每期复训都要求每位学员必须提出其在实际工作中遇到的具体案例（在实际工作中处理成功的、失效的事例）进行讨论交流，相互启发，从而不断积累岗位工作范例，在交流中相互对标，在对标中促进提高。

3.3.4　注重岗位轮训

岗位轮训是指员工在不同岗位跟岗实习或多岗见习的轮岗学习。为丰富岗位实践、尽快成才成长，组织新来大学生开展各岗位的定期轮训；

为打造复合型高技能人才，组织技术尖子开展相关工种、岗位见习，拓宽员工岗位成才渠道。

3.4　创新培训载体，提升培训实效

3.4.1　以"班前讲话"为载体，落实HSE风险培训

统一规范基层班组班前安全讲话制度，班前讲话主要涵盖安全经验分享、事故案例学习、员工讲述操作规程、当天工作安排、当天重点工作风险识别及消减措施、安全技术交底等，做到"班前学习、工前提示"，督促员工自我学习，提示工作危害因素，落实日常风险培训。

3.4.2　以HSE培训项目表为载体，夯实岗位履职能力

岗位HSE培训项目表细化了岗位职责，明确了工作内容、巡检标准、关键操作、风险因素、常见违章、事故案例、应急处置措施等，可一张纸打印、可电子版存手机，便于员工随学随用、持表指导，有效推进了岗位自学，夯实了岗位履职能力。

3.4.3　以"口袋宝典"为载体，打造岗位操作说明书

编制岗位应知应会、HSE检查标准等"口袋书"，可随身携带，方便实用，打破了常规培训在时间和空间上的限制，及时根据辽河油田公司相关标准修订内容，保持与最新标准的一致性、时效性，成为员工的岗位操作说明书。

3.4.4　以新媒介为载体，开发互动学习园地

组织技能大师、HSE培训师等人员编制培训教材，以手机终端APP、微信、QQ、钉钉、中油即时通等新媒介为载体，推出"网学"模式，为员工日常交流学习提供便利条件。利用微信、钉钉等建立知识共享公众号、学习交流群，在

群里即时发布有关操作、安全、技术的小视频、PPT、WORD文档课件，可以随时学习、随时咨询、随时教学、随时交流，提高了员工特别是青年员工的学习热情。

3.4.5 以"技术交流"为载体，搭建知识共享平台

以技能专家为主体，借助创新工作室等平台，定期收集生产现场难题，研讨解决方案、改进措施，点对点开展现场技术交流服务活动，搭建了知识共享平台。2020年共实施现场服务21人次，解决问题26项，促进了创新创效、提质增效工作的推进，提升了安全生产管理水平。

3.4.6 以"导师带徒"为载体，实现技艺传承

通过站队内部、作业区内部、厂级范围内签订师徒合同，实施师带徒培训，可突破空间、单位限制，进行"一对一、一对二"的定位培训，培训地点灵活、动手演示方便、接受速度快，使培训效果达到最佳化，既能帮助徒弟提高自身技术水平，更能实现绝活绝技和工匠精神的传承与延续。

3.4.7 以"精品教程"为载体，提供标准操作指南

通过开展教案评比、优秀教师评选等活动激发培训师创作热情，提高课件、教程质量，更好地服务于员工技术技能提升。利用三维虚拟仿真、3D动画和真人视频相结合等技术开发出标准化操作视频教程，学员可依据自己的知识结构和短板来选学内容，也可点学某个操作步骤，为受训员工呈现操作标准；以安全小提示、经验分享等为内容，制作PPT、小视频课件，便于手机微信、钉钉等平台学习，为员工提供了操作指南、风险提示、技能技巧示范。

3.4.8 以"靶向培训"为载体，提高培训有效性

大力推行以人为本、靶向引导、全员参与的培训方法，在靶向调查、岗位能力评估和员工自我评估基础上，以弱项需求为内容，将岗位与针对性的培训内容、培训方式、培训周期和培训效果建立起对应关系，采取集中与分散相结合，充分利用教学、课件资源，站队班组成员相互授课、单一传授、师徒结对子等方式教学，并与安全观察与沟通等活动结合，形成靶向培训体系，对症下药式地开展靶向培训，提高培训有效性、针对性。

3.5 注重培训评估和反馈，强调持续完善和改进

3.5.1 实施培训效果现场评估，改进培训方案

集中、专项培训采取课堂现场培训效果评估及学员意见反馈调查问卷，主要对培训课件、内容实用性、教师水平、表达能力、培训形式等进行评估打分，及时汇总整理、及时分析、及时研讨改进，形成有计划、有监督、有考核、有总结、有改进的PDCA循环集中培训模式。

3.5.2 实施岗位能力评估，优化培训内容

依据岗位能力评估清单开展年度全员能力评估，采取理论与实操相结合的方式进行评估，总结出各岗位、各员工的弱三项，观察员工的进步，分析培训方式、培训内容的不足，及时修正、及时改进，优化培训内容，为下阶段培训提供方向。

3.5.3 实施访谈交流，完善培训措施

定期组织培训师、岗位员工座谈，召开月度、季度培训例会，分析总结现阶段培训

的效果、亮点与不足；利用现场调研、体系审核等机会搜集员工培训建议，不断完善培训措施。

4 结论

在员工培训上投入的财力、人力、物力虽然无法带来短期的明显经济效益，但是能有效提高员工业务技能水平、HSE 履职能力，为"油公司"模式扁平化改革平稳运行提供了人力资源保障，为下一步继续深化改革提供了基础支撑，为企业安全生产、效益发展提供更长期、更有成效的战略性收益。

4.1 基础培训目标顺利完成

主体工种操作岗持证率 100%，技能鉴定一次性通过率 92.1%，技师、高级技师考核通过率 95%，新员工、转岗员工、外出劳务人员技能考核达到岗位技能要求。

4.2 员工提质增效能力明显增强

员工技能、技术素质提升，岗位创效能力大幅增强，技改创新遍地开花。2020 年，涌现出"可视化可控加药装置"等技改成果多达 20 余项，群众性创新创效、小改小革成果 50 余项，有效落实了提质增效、降本增效工作。

4.3 HSE 素养稳步提升

通过丰富多样、行之有效的员工培训，增强了员工技能水平、安全素养，提升了员工岗位能力，夯实了 HSE 管理基础，为安全生产指标的顺利完成提供了保障，为采油厂的高质量发展提供了人才支撑。

（作者：陈树勇，辽河油田欢喜岭采油厂，采油工，高级技师；张孝宁，辽河油田金海采油厂，采油工，高级技师；柳转阳，辽河油田曙光采油厂，采油工，高级技师）

石油企业员工实践教学模式探索

◆ 段明霞　刘利娜　师红磊　赵彦女　展　洁

　　石油企业操作员工培训需求多为实践操作技能，通过现场实训教学的模式可以获得良好的培训效果，许多企业虽配备有专兼职培训师资，但由于多方面原因，造成实训教学质量和效果欠佳。

1　操作技能教学现状

　　培训需求不清，培训重点偏倚。部分单位因未开展充分的培训需求调研、未建立操作员工的培训需求矩阵、培训师资授课范围有限、工学矛盾突出等原因，造成日常培训主要以文件宣贯为主，培训内容不是操作员工最需要的内容，导致操作员工核心技能不能得到有效提升。

　　偏重理论，教学方法单一，学员参与度低。石油企业操作员工需要的核心技能多以现场标准操作、工艺流程切换、设备结构原理、维修维护技能、安全防护技能等为主，这些都属于实践性能强的技能课程，日常培训中多以多媒体理论讲授方式为主，教学方式单一，不能引起学员兴趣，导致学员参与度低，不能很好适应技能训练教学。

　　学习场域受限，学员训练不足。在生产单位培训中，由于所有设备日常都处于运行状态，出于生产连续性和安全考虑，培训师不能进行实际操作演示，学员也不能进行实践操作练习，实训过程还是停留于"纸上谈兵"。

　　实训条件环境滞后或利用不充分。建立配套完善的良好实训环境是培养员工专业核心技能的基础。目前，只有极少部分单位建设有小型实训场所，而且也只建设了个别关键操作项目工位，实训教学设备资源不足，实训过程往往脱离具体的工作情境，与实际工作有很大差距。而目前建成的大型实训基地，由于远离生产区域，且工学休矛盾突出，利用率不高。

2　主要对策

　　制定科学有效的教学内容。好的内容是实训教学的质量保证，一是实训内容要合理，根据各专业需要，加强岗位需求摸索与调研，以岗位为基础建立完备实用的培训需求矩阵，按需开展培训，提高培训内容的针对性，满足成人学习目的性强的特点。

转变教学观念，重视实训教学。石油企业操作员工核心技能实践性很强，理论教学并不能完全满足职业需求，因此，教学过程必须采用"理论教学为辅，实训教学为主"的方式，理论教学以"基础、够用"为原则，强化能力培养，重视技能训练，达到提升操作水平的目的。

丰富教学方法，提高学员参与度。兴趣是最好的老师，丰富教学方式，激发学员学习兴趣，提高学员参与度，改变以往的被动填鸭式教学，以"培训师讲授为辅，学员训练为主"，有效提升教学效果。

强化实训基地建设和利用。一方面，加大对各单位实践性教学设施设备的投入力度，充分利用现场的废旧设备设施，建设相对完整且与生产现场匹配度高的实训基地。二是建立仿真教学操作系统，将各类生产工艺通过软件进行模拟，让学员可以通过模拟练习掌握装置开停车、工艺流程切换、突发状况应急处置等关键操作。三是充分利用现有实训资源，转移培训阵地，将每次轮休前后的培训尽量转移至已经建成的大型实训基地，充分利用实训设备设施及实训师资资源。

提高实践技能，构建理论与实践双优的"双师型"培训师队伍。正所谓名师出高徒，各单位应想方设法地创造条件，积极通过多种途径提高培训师的基本素质，例如通过请进来、送出去、培训师竞赛等方式，培养一支教学观念新、创新意识强、师德高尚、水平高超的师资队伍。培训师要能独立完成本专业所有实践操作项目，熟悉与操作相关的专业理论知识，积累实践操作经验，不断进行业务学习，从而提高实训教育的能力。

3 实训教学方法探索

首先，采用整体讲授法。由培训师将操作项目所涉及的设备结构原理、作用用途、主要操作步骤及操作过程中存在的风险进行集中讲授，使学员对整体操作有一个全局的认识，清楚操作过程中存在的风险及防控措施，为后续学习奠定基础。

其次，采用分解动作演示法和连贯动作演示法。先由培训师将操作内容进行拆解，采用边讲解、边示范的方式，讲解和示范每一个分解动作的要领，这样既可调动学员多种感观，又可在培训师的引导下，有重点地观察，可获得最佳效果；再由培训师将上步讲授演示过的分解步骤做一个连贯演示，规范、准确地演示完整操作步骤，让学员能将学到的"知识散点"形成"知识串"。

再次，采用邀请学员示范法。邀请一名学员对上步培训师讲解的标准操作步骤进行一个完整演示，邀请所有学员和培训师玩"大家来找茬"的游戏，共同找出演示学员操作中的不足，进一步强化学员对完整操作步骤的记忆。培训师讲解、示范后学生立即演练，在演练中由所有学员和培训师一起进行评价、矫正，可及时强化记忆、协调感受，符合程序性知识的教学规律。

最后，采用分组训练，小组互评＋教练纠错、集中点评，共性问题集中讲解示范。将学员两两分组，采用一人操作，一人点评的方式，互相点评队友操作中存在的问题，同时通过观察小组成员操作加深自己的记忆；由培训师进行巡回指导，针对存在的问题给予一对一纠错指导，规范操作，强调注意事项。该教学方法加深了学生对授课内容的理解，使知识掌握更加牢固。培训师将巡回指导过程中观察到的共性问题进行集中讲解和示范，查缺补漏，扫除所有操作盲点，进一步提高标准操作水平。

还可以采用其他辅助教学手段，例如开展小组PK赛和充分利用网络教学资源，通过小组PK赛，量化考核或培训师评价调动学员自觉苦练基本功的积极性，同时活跃课堂气氛，激发学员学习兴趣，从而熟练掌握各项操作技能；充分利用网络教学资源，将操作视频和多媒体课件上传公司培训APP或网站，让学员能将操作技能反复播放，帮助学员随时观察、学习，自我矫正知识和技能掌握的精准度，养成规范操作的良好习惯。

4 结论及建议

综上所述，以操作员工实践能力培养为主线，科学、合理构建实训教学模式，结合学习内容及场域限制，通过以"讲授为辅，演示训练"为主，"互评比赛"促学等方式，在实训基地开展实践性强的技能操作项目教学，可有效提升教学效果，提高学员的标准操作技能水平。

参考文献

[1] 刘燕.高职"双师型"一体化会计实训教学模式探索[J].中国科教创新导刊，2014（18）：43-44.

[2] 丁敏，夏玲，沈王琴，等.构建《护理学基础》实训教学模式的探索[J].护理研究，2011，25（12）：3187-3189.

（作者：段明霞，长庆油田培训中心，天然气净化操作工，高级技师；刘利娜，长庆油田培训中心，采气工，高级技师；师红磊，长庆油田第二采气厂，天然气净化操作工，技师；赵彦女，长庆油田第二采气厂，天然气净化操作工，高级技师；展洁，长庆油田第二采气厂，采气工，高级技师）

油井掺水自动化调节现场试验分析

◆ 刘洪俊　陈常军　李忠君　杨　光

数字化油田建设是大庆油田的发展方向，油井自动化调节掺水已经在生产一线进行试验，随着技术不断进步，方法不断更新，新的生产工艺和自动化掺水调节方式也在不断改进。不同采油区块的地层发育条件不同，使得各区块油井的产液量、产油量、采出液的含蜡量及采出温度都不相同，各地区的生产管理情况也大不相同，自动化掺水调节设备需要适应不同的生产情况。

本文试验在某厂自动化调节掺水试验阀组间内进行，通过现场参数调整进行试验，分析自动化调节掺水在环井集输和双管掺水集输生产中的试验数据，总结在两种集输模式下的管理经验。

1 阀组间到单井的掺水集输流程

油田阀组间油井掺水流程主要有两种，一种是双管掺水集输流程（图1），另一种是环井集输流程。双管掺水集输流程多应用于产量较高的井，环井集输流程多应用于采出井

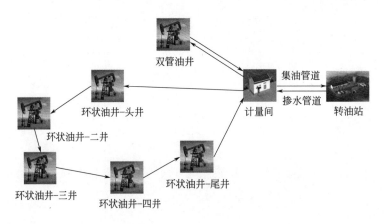

图1 双管掺水集输流程图

采出液含水高的井和采出井总液量较低的井。此外，在实际生产管理中，因管线漏、占压难以恢复等特殊原因造成停产的井，也会将原有的双管掺水集输流程改为环井集输流程的生产井，因此对两种集输流程的生产情况分析尤为重要。

2　油井掺水量管理现状

油井掺水是油井连续集输运行的根本，掺水量高有利于油井的生产平稳运行，但不利于节能降耗；掺水量过低会造成集油管线堵，进而影响油井的产油量，合理控制掺水量在油井集输中占首要位置。掺水量的控制需要较为精确，目前常规采油井掺水量的调节是在井口掺水阀进行，阀组间内进行计量掺水。2012 年在新建产能项目的环井阀组间安装了自动化调节掺水设备；2019 年在新建产能项目的双管流程阀组间安装了自动化调节掺水设备；2020 年正在对原有阀组间进行改造，安装了自动化调节掺水设备。本文主要对这两种自动调节掺水的管理情况进行试验和分析。

3　环井阀组间自动调节掺水试验

某环井阀组间共有 36 口油井，阀组间内有 8 个环井流程，因此，平均每个环都有 4～5 口井，环井的管线总长度为 1.9～3.4km。阀组间内的每个单环都添加独立的流量计，可以通过设置固定的掺水量控制掺水，也可以通过回油温度进行控制掺水。选择其中一组环井（简称某环）进行试验，某环的管线总长度为 2.13km，总液量为 58.5t/d，全环采出液含水为 94.1%（表 1）。

表 1　某环基础情况表

序号	管线工艺流程	液量 t/d	油量 t/d	含水 %	长度 km	埋深 m
1	阀组间到头井	0	0	93.7	0.364	0.8
2	头井到二井	7.5	0.5	96	0.793	0.8
3	二井到三井	24.5	1.2	95.3	1.236	0.8
4	三井到四井	43.5	2.1	95.2	1.798	0.8
5	四井到阀组间	58.5	3.4	94.1	2130	0.8

3.1　按固定掺水量控制掺水量试验

某环所在的阀组间掺水的来水压力 1.3MPa，掺水温度 53℃，试验的时间在 11 月份，室外温度约为 -10℃。现场试验时，将井口掺水阀全开，采用阀组间内自动化掺水量设备控制掺水量，设定掺水量从 62m³/d 到 20m³/d 的区间，设定后保持该状态 24h 进行集输，24h 后查看掺水量与阀组间内掺水压力和回油温度的变化情况（表 2、图 2），进行分析。

表 2　某环按设定掺水量方式试验数据表

序号	掺水量 m³/d	环井调节阀后掺水压力，MPa	回油温度 ℃	掺水瞬时量 m³/h
1	62	0.62	45	2.58
2	51	0.57	41	2.13
3	45	0.52	39	1.88
4	40	0.45	37	1.67
5	35	0.43	34	1.46
6	30	0.49	32	1.25
7	25	0.53	29	1.04
8	20	0.65	27	0.83

通过表 2 中的试验数据可以看出，随设定的掺水量从 62m³/d 逐渐减少，回油温度持续下降，而阀组间内掺水压力呈现出先下降后

上升的趋势。掺水量设定在 $35m^3/d$ 时，阀组间内的掺水压力最低。通过掺水定量的方式自动控制掺水用量，全天掺水用量相对平稳。通过图2中的数据进行分析，如果以阀组间内掺水压力最低作为油井集输的最佳评价标准，那掺水量就不是越多越好，而是存在一个最佳的掺水区间。另外，调整设定的掺水量时，集输管线需要40～80min后才能形成稳定集输环境，掺水压力和温度才会出现平稳趋势。

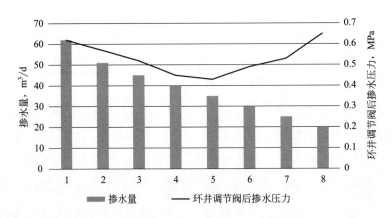

图2 某环调节阀后掺水压力与掺水量数据图

3.2 按回油温度控制掺水量试验

将自动调节掺水的方式设定为通过回油温度进行调节，将回油温度设定在45～27℃之间，7个固定的温度值，查看掺水量和阀组间内掺水压力的情况进行对比（表3、图3）。

由上述试验数据可以看出，当使用回油温度进行自动化调节掺水时，瞬时掺水量出现上下波动情况，现场数据中的回油温度和阀组间内的掺水压力也出现波动情况，温度控制时的温度最大值和最小值相差4℃，阀组间内压力波动最大波动值为0.07MPa。

表3 某环按设定回油温度自动调节掺水方式试验数据表

序号	掺水量 m^3/d	回油温度，℃				环井调节阀后掺水压力，MPa		
		设定回油温度	实际回油温度			最高值	最低值	压力波动
			最高温度	最低温度	差值			
1	60	45	46	43	3	0.64	0.61	0.03
2	49	41	42	39	3	0.61	0.59	0.02
3	43	39	41	37	4	0.58	0.54	0.04
4	38	37	38	36	2	0.51	0.44	0.07
5	33	34	35	32	3	0.45	0.43	0.02
6	28	30	30	28	2	0.52	0.49	0.03
7	20	27	26	24	2	0.68	0.65	0.03

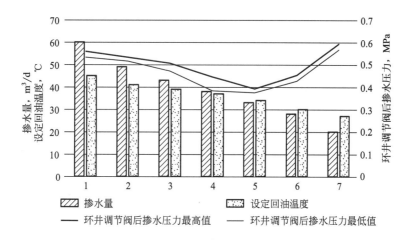

图3 某环调节阀后掺水压力与掺水量及回油温度数据图

4 双管流程阀组间自动调节掺水试验

在2019年改造的某阀组间内选择一口双管流程自动调节掺水的井（简称某单井）进行试验，某单井的产液量接近于前文选择的某环井的总产液量的单井，以便于对比分析。该井基础数据见表4。

表4 某单井的基础数据

井号	液量，t/d	油量，t/d	含水%	长度km	埋深m
某单井	59.27	1.42	97.6	0.306	0.8

4.1 设置掺水量进行试验

某单井现场试验通过设定阀组间内掺水量的方式自动调节掺水量，设置不同掺水量时，查看阀组间内掺水压力分析生产情况。该阀组间掺水压力1.2MPa，掺水温度52℃，试验时间在11月，室外温度约为-10℃。现场试验时，将井口掺水阀全开，通过阀组间内的自动化设备调节掺水量，设定掺水量6～62m³/d，在该状态下24h后，查看掺水量与阀组间内掺水压力和回油温度的变化情况（表5、图4），进行分析。

表5 某单井按设定掺水量的方式的生产数据

序号	掺水量m³/d	调节阀后掺水压力，MPa	回油温度℃	掺水瞬时量m³/h	备注
1	62	0.72	47	2.58	
2	51	0.68	46	2.13	
3	45	0.64	45	1.88	
4	40	0.6	44	1.67	
5	35	0.53	43	1.46	
6	30	0.49	42	1.25	
7	15	0.42	36	0.63	
8	10	0.43	33	0.42	
9	8	0.48	31	0.33	
10	6	1.2	26	0.25	堵井

根据试验数据可以看出，通过掺水量对比阀组间内掺水压力，该井掺水量在10～15m³/d之间，阀组间内的掺水压力最低，在掺水量低于6m³/d时出现堵井的情况。由于管线距离较短，该井的回油温度达到稳定仅需40min左右，掺水量下降到6m³/d在24h后压力逐渐升高，阀后的掺水压力升到了1.2MPa，当井口回压升高到1.6MPa以上时，采出液倒灌到掺水管线中，造成堵井，当出现这种情况时，将抽油机停机，开大掺水量或使用高温高压热洗车冲洗管线，恢复正常生产。

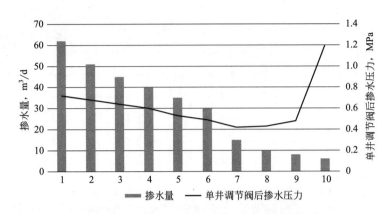

图4　某单井调节阀后掺水压力与掺水量数据图

4.2　按设置回油温度进行试验

按设定回油温度进行试验时，将回油温度设定位45～27℃之间，通过查看掺水量和阀组间内掺水压力的变化情况进行分析（表6、图5）。

通过表6中的数据可以看出，该井的设定回油温度和按掺水量控制时的回油温度相同时，按设定回油温度控制的掺水量较少，对比

环井流程按回油温度控制时回油温度和单井调节阀后掺水压力的波动变小。当回油温度低于27℃时也出现堵井的情况，其主要原因是，当管线结蜡严重时通过回油温度已经难以发现管线集输的情况变化，当管线出现堵井的时候，阀组间内的回油温度仍在27℃，由于是冬季生产，未尝试进一步确认回油温度下降变化时间的试验。

表6　某单井按回油温度设定自动调节掺水试验情况

序号	掺水量，m³/d	回油温度，℃				单井调节阀后掺水压力，MPa		
		设定回油温度	实际回油温度			最高值	最低值	压力波动
			最高温度	最低温度	差值			
1	42	45	45	44	1	0.65	0.63	0.02
2	25	41	41	40	1	0.45	0.44	0.01
3	22	39	40	39	2	0.43	0.42	0.01
4	16	37	38	36	2	0.42	0.42	0
5	10	34	35	33	2	0.43	0.42	0.01
6	8	30	30	29	1	0.52	0.49	0.03
7	3	27	堵井					

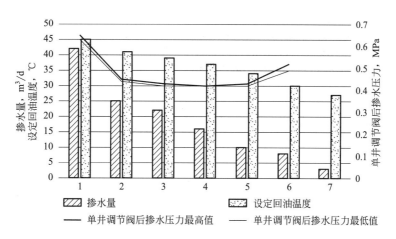

图 5　某单井调节阀后掺水压力与掺水量及回油温度数据图

5　结论

在按掺水量进行自动调节的试验中，双管掺水流程和环井流程集输效果都较为稳定，而通过回油温度的方式控制掺水量时，环井集输阀组间内的回油温度和调节阀后的掺水压力波动较双管掺水流程的波动要大，同时双管流程通过设定回油温度进行自动调节掺水，更有利于节能控制。因此，环井流程自动调节掺水建议采用按设定固定掺水量的方式进行控制，而双管掺水流程建议使用回油温度进行控制。

参考文献

［1］邹艳霞.采油工艺技术［M］.北京：石油工业出版社，2006.

［2］刘云双.低掺水环状集油流程在敖南油田生产中的应用［J］.油田、矿山、电力设备管理与技术，2011（2）：266.

（作者：刘洪俊，大庆油田第八采油厂，采油工，高级技师；陈常军，大庆油田第五采油厂，采油工，高级技师；李忠君，大庆油田第九采油厂，采油工，技师；杨光，大庆油田第五采油厂，采油工，技师）

双丝埋弧对接焊焊接工艺研究

◆ 吕仲光　马维丽　何世军　赵思琪　刘继红

由于埋弧焊通常采用大电流焊接，焊接时电弧受熔渣保护无弧光，熔化的焊剂与液态金属的比例稳定，从而提高了焊接生产效率，能够获得高质量的焊接接头，并改善了操作人员的劳动条件。埋弧焊已成为石化装置设备制造中使用最普遍的熔焊方法之一[1]。由于近年来生产规模的扩大和运行参数的提高，埋弧焊方法本身也在不断地发展完善。双丝埋弧焊是一种先进高效的焊接方法，双丝的引入减少了焊接层次和道次，焊接生产效率得到了大幅度提高[2]。

双丝埋弧焊以其高效、优质、节能的特点而得到广泛应用。与传统的单丝埋弧焊相比，除了焊接电流、电弧电压和焊接速度等一般参数外，双丝埋弧焊还有其独特的工艺参数：双丝电流的种类和大小、双丝的位置组合、双丝的间距、双丝熔池共用与否、不同的坡口形式等。工艺参数的增多，增加了控制焊道成形的因素，同时也增加了控制难度。双丝埋弧焊采用双电流，双焊丝，前道直流后道交流。双丝埋弧焊填充焊丝熔敷速度快，且两个电弧形成一个熔池，熔池体积

大，存在时间长，冶金反应充分，既有利于气体逸出，又有利于焊缝的合金化和微量元素的扩散，对气孔敏感性小。焊接时，直流用大电流低电压，保证熔深；交流用小电流高电压，增加熔宽，使焊缝具有适当的熔池形状及焊缝形状系数，使得双丝埋弧焊接头具有良好的力学性能。因此，开展对双丝埋弧焊工艺及推广的研究具有重要的现实意义。

1 焊接试验材料与设备

1.1 试验母材

试验采用 26mm、30mm 的 Q345R 钢板和 32mm 的 Q245R 钢板，符合 GB 713—2014《锅炉和压力容器用钢板》标准，加工成 26mm/30mm/32mm×150mm×800mm 的试件。

1.2 试验焊材

试验采用直径为 4.0mm 的 H08MnA 和 H10Mn2 焊丝，F4A2-H08MnA 和 F48A4-H10Mn2 焊剂，其化学成分和力学性能，符合 GB/T 5293—2018《埋弧焊用非合金钢及细晶粒钢实

心焊丝、药芯焊丝和焊丝－焊接组合分类要求》和 NB/T 47018.4—2017《承压设备用焊接材料订货技术条件 第4部分：埋弧焊钢焊丝和焊剂》标准，焊剂在使用前需烘干，烘干温度为 300 ～ 400℃，恒温 2h。

1.3 焊接设备

双丝埋弧焊焊机 MZ-1200。

2 坡口组对及焊前准备

2.1 坡口形式及组对要求

坡口参数是决定双丝埋弧焊效能的前提条件，装配间隙 b 为 0mm，钝边 p 为 20mm，坡口角度 α 在 70°～ 90° 范围内（图1，h 值越大坡口角度越小）。当板厚为 26mm 时，将母材加工成 α=80° 带 V 形坡口（图1），h=6mm；当板厚为 30mm 时，将母材加工成 α=80°、β=85° 带 X 形坡口（图2），h=6mm，c=4mm；当板厚为 32mm 时，将母材加工成 α=80°、β=80° 带 X 形坡口（图2），h=6mm，c=6mm。

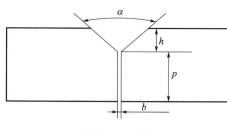

图 1 V 形坡口

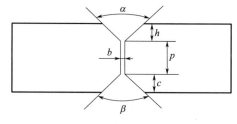

图 2 X 形坡口

2.2 焊前准备

焊接前应去除焊件坡口及坡口两侧 20 ～ 50mm 范围的铁锈、氧化皮及油污等，防止含氢物质进入焊接区，降低焊缝中的含氢量，避免出现氢气孔。

3 焊接工艺

3.1 焊接工艺试验

双丝埋弧焊前后丝直径均为 4.0mm，前丝直流反接，后丝为交流电源，焊接位置为平焊，即倾角 0° 或 180°，转角 90°。前丝与焊接方向呈 75°～ 80°；后丝与焊接方向呈 100°～ 105°，前后丝间距约 10 ～ 15mm[3]（图3）。经过近 40 次的试验，在不断调整焊接电流、焊接速度的同时，合理匹配前后丝焊接参数，改善焊缝成形，提高焊缝质量，总结出正反面各焊一道，且焊接参数相同的工艺参数，能够在较宽的范围内控制输入的焊接能量，满足不同板厚的性能要求。母材为 Q345R 钢板，厚度 26mm，焊接工艺参数见表1；母材为 Q345R 钢板，厚度 30mm，焊接工艺参数见表2；母材为 Q245R 钢板，厚度 32mm，焊接工艺参数见表2。

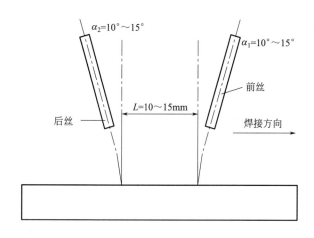

图 3 焊丝的布置

表 1　双丝埋弧焊（SAW）焊接工艺参数（厚度 26mm）

母材牌号	材料规格 mm	焊接方法	电源及极性	填充金属 型号	焊接电流 A	焊接电压 V	焊接速度 cm/min	预热温度 ℃	层间温度 ℃	线能量 kJ/cm
前丝	Q345R	埋弧焊（SAW）	DCEP	焊丝：H10Mn2 焊剂：F48A4-H10Mn2	870	34	58	21	—	≤30.60
后丝		埋弧焊（SAW）	AC	焊丝：H10Mn2 焊剂：F48A4-H10Mn2	350	40				≤14.48

注：DCEP 表示焊接直流反接，AC 表示焊接交流电源。

表 2　双丝埋弧焊（SAW）焊接工艺参数（厚度 30mm、32mm）

母材牌号	材料规格 mm	焊接方法	电源及极性	填充金属 型号	焊接电流 A	焊接电压 V	焊接速度 cm/min	预热温度 ℃	层间温度 ℃	线能量 kJ/cm
前丝	Q345R	埋弧焊（SAW）	DCEP	焊丝：H10Mn2 焊剂：F48A4-H10Mn2	900	34	58	22	—	≤31.66
后丝		埋弧焊（SAW）	AC	焊丝：H10Mn2 焊剂：F48A4-H10Mn2	350	40				≤14.48
前丝	Q245R	埋弧焊（SAW）	DCEP	焊丝：H08MnA 焊剂：F4A2-H08MnA	900	34	58	24	—	≤31.66
后丝		埋弧焊（SAW）	AC	焊丝：H08MnA 焊剂：F4A2-H08MnA	350	40				≤14.48

由表 1、表 2 可看出，在焊接过程中，双焊丝（电极）前丝直流后丝交流，前电极为直流反接，采用大焊接电流、低电弧电压，充分发挥直流电弧的穿透力，获得大熔深；后电极为交流，采用相对较小焊接电流、大电弧电压，增加熔宽，克服前道大电流可能形成的熔化金属堆积，配合高速度焊接，从而形成美观的焊缝成形。并且，在试验过程中，对于 3 种厚度的母材采用了相同的焊接速度，随着厚度增加，增大了前丝的电流，电压不变；后丝电流、电压不变的情况下，在保证焊道熔透深度的同时保证了一定的熔宽和焊缝成形[4]。

3.2　试验检测结果及分析

（1）每组试验检测项目见表 3。

表 3　每组试验分析项目表

序号	检验项目	检验数量及合格标准
1	外观检测	1 件（执行标准：TSG Z6002—2010《特种设备焊接操作人员考核细则》）
2	射线检测	试件进行 100% RT 检测（执行标准：NB/T 47013.2—2015《承压设备无损检测　第2部分：射线检测》）
3	宏观金相	1 件（执行标准：NB/T47014—2011《承压设备焊接工艺评定》）
4	拉伸试验	2 件（执行标准：NB/T47014—2011《承压设备焊接工艺评定》）
5	弯曲试验	4 件（执行标准：NB/T47014—2011《承压设备焊接工艺评定》）

序号	检验项目	检验数量及合格标准
6	-20℃、常温冲击试验（Q345R、Q245R）	6件（焊缝区3件、热影响区3件）（执行标准：NB/T 47014—2011《承压设备焊接工艺评定》）
7	化学成分	C、Si、Mn、P、S、Ni、Cr、Mo、Cu（执行标准：GB/T 4336—2016《碳素钢和中低合金钢 多元素含量的测定 火花放电原子发射光谱法（常规法）》）
8	微观金相	焊缝区、热影响区、母材区（执行标准：GB/T 13299—1991《钢的显微组织评定方法》）
9	硬度检测	焊缝区、热影响区、母材区，取平均值（执行标准：GB/T 2654—2008《焊接接头硬度试验方法》）

（2）焊接试件焊缝外观检测结果（表4）符合 TSG Z6002—2010 相关要求。

表4　试件焊缝外观检测表

试件编号	PE2014020		PE2014021		PE2014022	
	正面焊缝	反面焊缝	正面焊缝	反面焊缝	正面焊缝	反面焊缝
焊缝宽度 mm	23	25	26.5	28.0	27.7	29
焊缝高度 mm	3.4、3.1、3.1	3.9、3.1、4.0	3.1、3.5、3.1	3.9、4.0、4.1	2.6、3.0、2.6	3.4、3.5、3.6

（3）焊接试件的无损检测：3组试件经 RT 射线探伤均为Ⅰ级无缺陷，执行标准：JB/T 4730.2—2005。

（4）焊接试件的宏观金相。由图4可以看出3组试件的宏观金相均无裂纹、无未熔合及未焊透等缺陷，焊缝成形良好。其中试件编号为 PE2014020 的试件正面熔深为 18.3mm，反面熔深为 16.8mm。试件编号为 PE2014021 的试件正面、反面熔深为 13.2mm。试件编号为 PE2014022 的试件正面熔深为 17.4mm，反面熔深为 15.5mm。与单丝埋弧焊相比，双丝埋弧焊在焊接时所形成的熔池更长，熔池中金属处于液态的时间也相对较长，因此其冷却速度相应变慢，焊缝中的合金元素有较长的时间进行扩散，冶金反应也更充分，焊缝中的气孔和熔渣更易于排出，使得双丝埋弧焊有更好的成形。

（5）焊接试件的微观金相。焊接接头金相组织如图5所示，试件编号为 PE2014020、PE2014021 的微观组织从金相观察上看，金相组织基本一致，焊缝区为索氏体+铁素体，热影响区为贝氏体回火组织，母材区为铁素体+珠光体。PE2014022 三个区域的微观组织均为铁素体+珠光体，但在先共析铁素体的分布形态和柱状晶的生长程度上有较大差别。由于焊接电流较大，在热影响区存在一定的过热组织，块状先共析铁素体呈网状沿奥氏体晶界分布，其他区域为回火贝氏体组织，在网状分布的铁素体附近有少量珠光体分布。焊缝区金属晶粒相对粗大，有时还会出

PE2014020

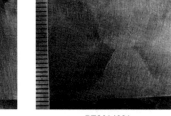
PE2014021

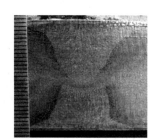
PE2014022

图4　焊接接头宏观金相

现过热现象，产生魏氏组织[5]。当热输入较低时，先共析铁素体成条、块状，对性能影响较小，热输入较高时，先共析铁素体结成连续网状，割裂了基体间的联系，冲击韧性降低。

（6）试件焊缝化学成分。由表 5 可以看出，焊缝化学成分符合母材成分要求。

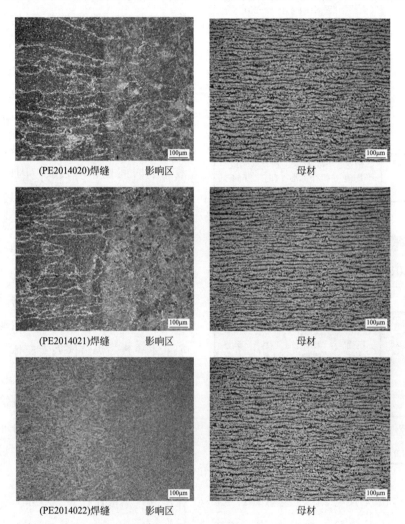

(PE2014020)焊缝　　影响区　　　　　　母材

(PE2014021)焊缝　　影响区　　　　　　母材

(PE2014022)焊缝　　影响区　　　　　　母材

图 5　焊接接头金相组织

表 5　焊缝化学成分

试件编号		化学成分，%							
		C	Mn	Si	S	P	Cr	Ni	Cu
	标准值	≤ 0.2	≤ 1.7	≤ 0.5	0.03	0.03	≤ 0.3	≤ 0.5	≤ 0.3
PE2014020	实测值	0.17	1.49	0.28	0.003	0.003	0.002	0.003	0.002
PE2014021	实测值	0.18	1.47	0.27	0.003	0.003	0.002	0.003	0.002
PE2014022	标准值	≤ 0.2	0.5 ～ 1.0	≤ 0.35	≥ 0.015	≥ 0.025	—	—	—
	实测值	0.17	0.63	0.29	0.002	0.003	—	—	—

（7）焊接接头的力学性能见表 6。

焊接接头的机械性能按 NB/T 47014—2011 工艺评定标准进行：拉伸试验抗拉强度值高于标准要求，均为合格，拉伸试件大部分断于母材；

侧弯试验检验全部合格；可以看出焊接接头焊缝区、热影响区硬度与母材区接近，满足工艺要求；由于三组试件的热输入较为合理，冲击值满足试验要求。

表 6　焊接接头的力学性能

试件编号	材料牌号	规格 mm	抗拉强度 MPa	弯曲试验（4件）	冲击功，J		硬度平均值 HB
					温度，℃	实测值	
PE2014020	Q345R	26.0	569 560	合格	-20	焊缝区　116、178、158	焊缝区：162 热影响区：163 母材区：155
						热影响区　168、178、130	
PE2014021	Q345R	30.0	581 586	合格	-20	焊缝区　166、172、182	焊缝区：157 热影响区：160 母材区：155
						热影响区　178、182、98	
PE2014022	Q245R	32.0	500 484	合格	常温	焊缝区　122、114、120	焊缝区：145 热影响区：147 母材区：139
						热影响区　130、156、148	

4　双丝埋弧焊与传统单丝埋弧焊的对比分析

4.1　材料消耗对比

从表 7 可看出双丝埋弧焊可比单丝埋弧焊节约焊丝 70% 以上，节约焊剂 65% 以上。

4.2　焊接时间消耗对比

从表 8 数据统计表明，双丝埋弧焊可以显著提高焊缝金属的熔敷效率，比单丝埋弧焊节约了劳动力，提高工效 6 倍以上，且焊件直径及厚度越大提高工效越显著。

表 7　双丝埋弧焊与传统单丝埋弧焊焊接材料消耗对比表

厚度 mm	双丝埋弧焊		单丝埋弧焊		双丝比单丝焊丝消耗减少量 kg	双丝比单丝焊剂消耗减少量 kg
	焊丝 kg	焊剂 kg	焊丝 kg	焊剂 kg		
26	2.8	3.8	11.1	12.8	8.3	9.0
30	3.5	4.7	15.7	18.1	12.2	13.4
32	4.2	5.7	17.7	20.4	13.5	14.7

注：以 6000mm 环焊缝为例。

表 8　双丝埋弧焊与传统单丝埋弧焊焊接时间消耗对比表

	焊接工件规格 mm×mm	焊接道数	平均焊接速度 cm/min	焊接所需时间 min	清根时间 min	修磨时间 min	合计时间 min
双丝埋弧焊	ϕ2000×26	2	58	21.7	—	—	21.7
	ϕ2000×30	2	58	21.7	—	—	21.7
	ϕ2000×32	2	58	21.7	—	—	21.7

	焊接工件规格 mm×mm	焊接道数	平均焊接 速度 cm/min	焊接所需 时间 min	清根时间 min	修磨时间 min	合计时间 min
单丝 埋弧焊	$\phi2000\times26$	6	40	94.2	20	20	134.2
	$\phi2000\times30$	8	40	125.6	20	20	165.6
	$\phi2000\times32$	10	40	157	30	20	207

5 结论

（1）采用双丝埋弧焊焊接 Q345R 和 Q245R，能提供较大熔深并保证熔宽，得到的接头焊缝形状合理，力学性能满足生产的要求。

（2）双丝埋弧焊由于热影响区金属中成分偏析减弱，焊缝金属由于冷却速度减慢，焊缝金属晶粒较为粗大，冲击性能比热影响区性能稍低，但焊缝及热影响区的冲击性仍比母材金属的冲击韧度高。

（3）采用双丝埋弧焊焊接中厚度板时，焊缝金属熔敷效率及焊速都远高于传统单丝埋弧焊，很大程度地降低了焊接成本，节约了劳动力，提高了生产率。

参考文献

[1] 中国机械工程学会焊接学会 . 焊接手册 .3 版 . 北京：机械工业出版社，2008.

[2] 韩彬，邹增大，曲仕尧，等 . 双（多）丝埋弧焊方法及应用 [J]. 焊管，2003，26（4）：7.

[3] 霍光瑞 . 双丝埋弧焊工艺参数与焊道成形关系研究 [J]. 热加工工艺，2007（36）：27-30.

[4] 马永福，鲍光辉 . 中厚板双丝埋弧焊焊接工艺探讨 [J]. 热加工工艺，2006，35（19）：22-23.

[5] 中国机械工程学会焊接学会 . 焊接金相图谱 [M]. 北京：机械工业出版社，1987.

（作者：吕仲光，兰州石化建设公司，电焊工，高级技师；马维丽，兰州石化建设公司，焊接高级工程师；何世军，兰州石化建设公司，电焊工，高级技师；赵思琪，兰州石化建设公司，电焊工，技师；刘继红，中核兰州铀浓缩有限公司，焊接高级工程师）

提高 DPC2803 压缩机工作效率的研究

◆ 蒋玉勇　雷富海

长庆油田采气一厂作业九区地处内蒙古自治区鄂尔多斯市乌审旗地区，目前共安装 DPC2803 压缩机组共计 3 台。该机组压缩缸进气压力为 0.5～2.0 MPa，进气温度 3～20℃，排气压力 5.00～5.90MPa，单台机组排气量（7.5～19.5）×10^4m^3。

由于乌审旗地区气候温差大，冬季环境温度低（最低至 -30℃），夏季气温高（最高 40℃），风沙大，环境条件恶劣，海拔平均高度在 1300m，机组安装在室外，因此机组在运行过程中，外界环境对压缩机组产生了一定的影响。再者，由于乌审旗上古气田开发初期，受井口工艺流程、设备运行、井口智能化控制系统影响，上古气井非正常关井频次高，以及随着气井产能下降，压缩机处理气量不稳定，压缩机进气压力不确定；排气压力由下游用户气量需求、天然气净化厂工艺条件和各个生产单位的产气量决定，同时采取上下古气井合采模式，排气压力较高。机组处理气量小、进气温度低、进气压力及排气压力不稳定、管线运行压力等都会造成压缩机组运行效率低。

1 DPC2803 压缩机结构及原理

图 1 为 DPC2803 压缩机整体图，该压缩机组的动力部分和压缩部分为对称平衡布置，动力缸的动力通过十字头和曲轴连杆机构传递给压缩缸做功，动力缸和压缩缸及部分配套设施安装在机座上，压力容器安装在底座及压缩缸上，燃气分离器安装在底座上，构成一台整体式橇装压缩机组。它的操作参数见表 1。

2 运行效率低原因分析

结合压缩机组实际使用工况，通过对影响压缩机组功率的因素进行逐一分析，发现导致压缩机组运行效率低的原因主要有：处理气量小，满足不了生产需要；进气温度低，易停机；进气压力不稳定，易停机；排气压力不稳定，增加管网压力。

影响压缩机功率、排气量的因素主要分为两大类：一是自然环境因素，即客观不可控因素，包括天然气组分、一级进气温度、二级进气温度、海拔高度；二是主观因素，也是最重要的影响因素，可以进行一定调整和控制，包括一级进气压力、排气压力、转速、余隙。主观因素对压缩机组运行效率影响大，应重点进行参数调整控制。

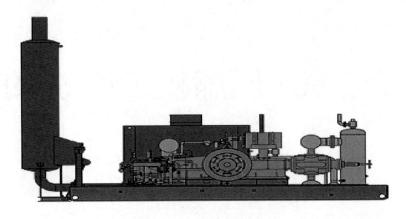

图 1   DPC2803 压缩机整体图

表 1   DPC2803 压缩机操作参数

规格型号：JEC58–31	发动机 / 压缩机型号：cooper DPC2803	压缩级数：一级压缩
进气压力（MPa）：1.8 ~ 5.0	功率（kW）：473	额定转速（r/min）：440
出口压力（MPa）：5.40	主机润滑油型号：美孚飞马 801	液压油型号：阿贾克斯 AJAX INJECTION FLUID
动力缸缸径 × 冲程（in×in）：15×16	压缩缸缸径 × 冲程（in×in）：8×11	曲轴旋转方向：面对飞轮顺时针
动力缸数：3	压缩缸数：2	点火顺序：1-3-2（飞轮端为第一缸）

2.1   自然环境因素

2.1.1   天然气组分

天然气是多组分的混合物，不同产地甚至井与井之间所产气的组分都不同，且组分随季节也发生明显的变化，又无法预测，因此对压缩机性能有明显的影响。一般解决这一问题的方法有两种：一是针对不同组分的天然气设计不同的天然气发动机；二是根据压缩机组的性能指标，对天然气组分进行优化配置。显然上述两者在乌审旗地区都不能实现。

天然气的主要成分是甲烷，还含有不等的乙烷、丙烷、丁烷及少量的 CO_2、H_2S 等。因此，主要根据天然气中甲烷含量的多少，选用 3 个增压站 52 口丛式井气质全分析的参数，并根据表 2 中的工况条件进行测算，根据测算的结果得到如图 2 所示的曲线。

表 2   乌 6 站 DPC2803 压缩机运行工况参数

海拔高度 m	一级进气温度 ℃	二级进气温度 ℃	进气压力 MPa	排气压力 MPa	转速 r/min	一级余隙 %	二级余隙 %
1321	20	55	1.20	5.40	350	50	5

从图 2 曲线可以看出，在其他工况条件（进气温度、进气压力、排气压力、转速、余隙）相同的情况下，随着天然气中甲烷含量的增加，压缩机功率增大，但排气量不变。得出结论：天然气的组分变化，主要是甲烷含量的变化将明显影响发动机的做功能力，甲烷含量增加，压缩机功率增大、排气量不变。

2.1.2   一级进气温度

一级进气温度是影响压缩机功率的一个重要自然因素，进气温度升高，功耗降低，标准排气量减少。因此，为了进一步了解进气温度对压缩机组的影响，取 -15 ~ 35℃进气温度，并根据表 3 中的工况条件依次进行测算，得到如图 3 所示的一级进气温度与功率、排气量的关系曲线图。

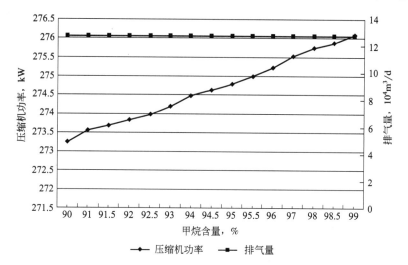

图 2　甲烷含量与压缩机功率、排气量关系曲线图

表 3　乌 6 站 DPC2803 压缩机运行工况参数

海拔高度 m	进气压力 MPa	二级进气温度，℃	排气压力 MPa	转速 r/min	一级余隙 %	二级余隙 %
1321	1.20	38	5.40	350	50	5

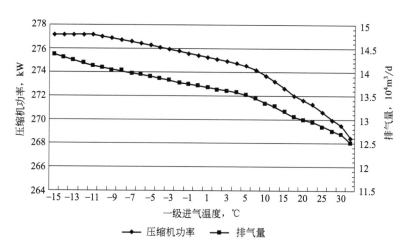

图 3　一级进气温度与压缩机功率、排气量关系曲线图

从曲线中看出，在其他工况条件不变的情况下，随着进气温度的升高，功率降低，排气量减小。根据乌审旗地区气田夏季和冬季生产运行实际，2018—2019 年冬季压缩机进气温度在 -3 ~ 9℃，夏季在 10 ~ 28℃，根据统计学原理，可以根据进气温度划分为 3 个温度梯度：-5 ~ 9℃，10 ~ 19℃，20 ~ 30℃，粗略认为每升高一个温度梯度，压缩机功率降低 3.0kW，排气量降低 $0.5 \times 10^4 m^3$。在此分析计算基础上，当进气温度升高时，若要排气量不变，在转速、

排气压力、余隙、海拔等工况不变的情况下，进气压力升高，压缩机负荷增大。由此得出结论：同样的工况下，处理相同的气量，夏季压缩机功率要高于冬季运行时的功率。

2.1.3 二级进气温度

二级进气温度也是影响压缩机功率的一个重要的自然因素，二级进气温度升高，功耗增加，标准排气量减少。因此，为了进一步了解进气温度对压缩机组的影响，取 30～65℃ 进气温度，并根据表 4 中的工况条件依次进行测算，得到如图 4 所示的曲线。

从曲线中看出，在其他工况条件不变的情况下，随着二级进气温度的升高，功率增加，排气量减小。根据乌审旗气地区和冬季生产运行实际，2018—2019 年冬季压缩机二级进气温度在 30～50℃，夏季在 40～65℃，并且根据统计学原理，可以将进气温度划分为 3 个温度梯度：30～40℃，40～50℃，50～65℃，粗略认为每升高一个温度梯度，压缩机功率增加 2.2kW，排气量降低 $0.2×10^4m^3$。

得出结论：其他工况不变的条件下，二级进气温度越高、压缩机功率增加、排气量降低。压缩机保养时，应加强空冷系统的维护，定期检查风机运行状况，彻底清理冷却管束表面以及百叶窗通孔的脏物，提高冷却效果，充分降低二级进气温度，从而降低压缩机运行功率，提高运行效率。

表 4 乌 6 站 DPC2803 压缩机运行工况参数

海拔高度 m	进气压力 MPa	一级进气温度 ℃	排气压力 MPa	转速 r/min	一级余隙 %	二级余隙 %
1321	1.2	20	5.4	350	50	5

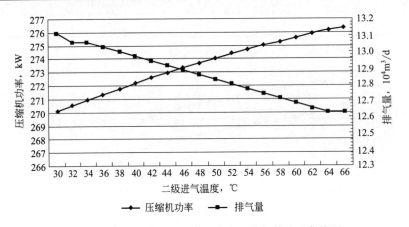

图 4 二级进气温度与压缩机功率、排气量关系曲线图

2.1.4 海拔高度

通过查阅资料得知，功率的减少量可以按照如下方法计算：在 1500ft（457.20m）海拔高度以上，每增加 1000ft（304.80m），功率降低 3%。因此，DPC2803 压缩机组在 1320m 时功率约为 432.8kW。从表 5 可以看出，各站海拔基本一致，因此同型号压缩机组的功率基本上是一致的。

表 5 乌 6、乌 7 站海拔高度

增压站	乌 6 站	乌 7 站
海拔，m	1285	1272
额定功率，kW	555.1	415.8

2.2 主观因素

2.2.1 一级进气压力

一级进气压力是影响压缩机功率最为重要

的一个参数，随着排气压力和排气量的变化而变化，进气压力升高，功率增加，排气量也增加。取0.5～2.0MPa进气压力，并根据表6中的工况条件依次进行测算，分析进气压力与压缩机功率、排气量间的关系，得出如图5、图6所示的关系曲线图。

表6　DPC2803压缩机运行工况参数

海拔高度 m	一级进气温度 ℃	二级进气温度 ℃	排气压力 MPa	转速 r/min	一级余隙 %	二级余隙 %
1272	20	45	5.40	350	50	5

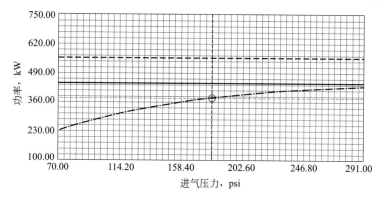

图5　一级进气压力与压缩机功率关系曲线图

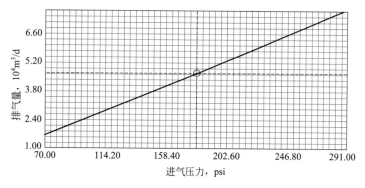

图6　一级进气压力与排气量关系曲线图

通过以上两个曲线分析可知，在工况条件不变的情况下，随着一级进气压力的升高，压缩机功率增加，排气量也增加，但对排气量的影响更大。

2.2.2　排气压力

排气压力也是影响压缩机功率非常重要的一个参数，在乌审旗地区气田由于下游用户以及净化厂工况要求，排气压力一般为5.00～5.90MPa，排气压力增加，功率增加，排气量降低。取5.00～5.90MPa排气压力，并根据表7中的工况条件依次进行测算，分析排气压力与压缩机功率、排气量间的关系，如图7、图8所示。

表7　DPC2803压缩机运行工况参数

海拔高度 m	一级进气温度 ℃	二级进气温度 ℃	一级进气压力 MPa	转速 r/min	一级余隙 %	二级余隙 %
1272	20	45	1.0	350	50	5

通过以上两个曲线分析可知，在工况条件不变的情况下，随着排气压力的升高，压缩机功率增加，排气量降低，但对排气量的影响较大。

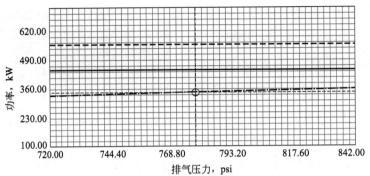

图7　排气压力与压缩机功率关系曲线图

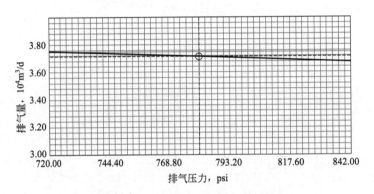

图8　排气压力与排气量关系曲线图

2.2.3　转速

压缩机的轴功率由转速决定，转速越高轴功率越大，根据设计要求，加载后的转速在330～440r/min之间。

2.2.4　余隙

通过软件反复测算分析，可得余隙与其他运行参数存在如下关系：

（1）在进气压力保持不变、压缩机不处于超负荷情况下（100% 额定功率），余隙越小，功耗越高，压缩比越大，排气量越大；

（2）在进气压力允许变化，压缩机不处于低负荷的情况下（60% 额定功率），余隙越大，功耗越低，压缩比越小，排气量越小。

由上述两条结论，进一步论证在功率保持不变的情况下，进气压力在允许的范围内变化，调大或调小余隙，进气压力相应升高或降低，但由于进气压力对排气量和功率的影响最大，所以排气量不一定增加或降低。

2.2.5　其他因素

空冷器、循环水泵、消声器、油泵、注油器等对压缩机组损耗的功率均视为固定值。

3　优化解决方案

针对 DPC2803 压缩机现场运行现状，提出了"调整压缩机工况参数"和"润滑油消耗量计算与调节"提高压缩机运行效率的方案。

3.1　压缩机组最佳运行工况的优化计算

压缩机组工况条件（进排气压力、余隙、转速）自由变换较多，对压缩机的功率和排气量影响最大，同时彼此之间的关系紧密复杂，一个参数发生微小变化，会影响一系列运行参数的变化，进而改变压缩机组的运行工况。根据前面依次分析的影响因素与压缩机功率和排气量的关系，利用 eAjax2.4 版本压缩机组工况测算软件进行分析计算，确定最佳运行工况。

实际生产当中排气压力和排气量是一定的，保证进气压力在合理范围内，通过调整压缩缸余隙和转速，使得压缩机功率最低或接近于 75%。夏季受环境温度高影响，调整参数时需要考虑动力缸和压缩机缸温，不能超出其正常运行范围。

3.1.1 压缩机排气量 ≤ ($Q_{额定min}$ + $Q_{额定max}$)/2

此时按照压缩机处于低负荷、低压力、低排量的方法进行分析计算。这种工况存在的主要问题：增压站管辖的上古气井少，气量低，若部分上古气井不能正常开井生产，压缩机处于低负荷运行，必要时需要下古气井进行气量补充，如乌6站工况条件。

在该工况下需要确定一组最佳运行参数，使得在排气量较低的情况下压缩机不处于低负荷运行，同时在所有上古井正常开井时压缩机功率接近 75%。

（1）余隙的调整。根据余隙与功率、排气量的关系可知，当功耗达到最低允许负荷时对应的余隙就是需要调整的余隙。当进气压力越低时，对应的余隙越小，二级压缩比增加，同时排气量减小，受压缩缸缸温及压缩缸冲次的影响，当压力较低时，会出现动力缸缸温过高报警停机和压缩机出口单流阀阀芯回坐敲击阀座等问题，所以根据现场试验结果推荐进气压力 0.70 ～ 2.00MPa。

根据表8中的工况条件依次测算不同排气压力下，压缩机最低处理气量的运行参数，测算结果见表9。

表8 乌6站 DPC2803 压缩机运行工况参数

海拔高度 m	一级进气压力 MPa	一级进气温度 ℃	二级进气温度 ℃	转速 r/min
1272	0.70	20	45	330

表9 DPC2803 在不同排气压力下最低处理气量时运行参数

排气压力 MPa	一级余隙 %	二级余隙 %	排气量 $10^4m^3/d$	功率 kW
5.10	45	45	6.57	344.25
5.20	46	46	6.49	344.25
5.30	47	47	6.43	343.97
5.40	48	48	6.34	343.42
5.50	49	49	6.26	343.15
5.60	50	50	6.17	343.56
5.70	50	50	6.14	343.42
5.80	51	51	6.09	343.84
5.90	52	52	6.06	343.70

根据上述分析计算，当排气压力在 5.10 ～ 5.30MPa 时，选择（46%、46%）余隙；当排气压力为 5.40 ～ 5.90MPa，选择（50%、50%）余隙。

（2）转速的调整（以排气压力为 5.40 ～ 5.90MPa 为例）。根据不同的处理气量，按照表8中的工况条件（余隙 50%、50%）依次分析计算，选择最佳的转速，计算结果见表10。

表10 DPC2803 在不同排气量时运行参数

序号	排气压力 MPa	一级进气压力 MPa	转速 r/min	排气量 $10^4m^3/d$	功率 kW
1	5.60	0.70	330	6.17	344.25 (60.0%)
2	5.60	0.77	330	7.00	367.20 (64.0%)
3	5.60	0.86	330	8.00	388.50 (69.0%)
4	5.60	0.95	330	9.00	305.90 (73.3%)

续表

序号	排气压力 MPa	一级进气压力 MPa	转速 r/min	排气量 10⁴m³/d	功率 kW
5	5.60	1.02	340	10.00	327.20 (76.0%)
6	5.60	1.06	360	11.00	353.90 (77.6%)
7	5.60	1.08	385	12.00	383.50 (78.6%)

目前，排气压力 5.70MPa，排气量 $10.5\times10^4\mathrm{m}^3/\mathrm{d}$；选择表 9 中第 6 组参数作为最佳工况下的运行参数，具体参数见表 11。根据压缩机排气量为 $10.5\times10^4\mathrm{m}^3/\mathrm{d}$ 时的最佳运行参数，现场验证机组工作效率，验证结果与计算结果相符，符合机组最佳运行效率。

表 11 乌 6 站 DPC2803 排气量为 $10.5\times10^4\mathrm{m}^3/\mathrm{d}$ 时最佳运行参数

进气压力 MPa	一级进气温度 ℃	二级进气温度 ℃	一级余隙 %	二级余隙 %	排气压力 MPa	转速 r/min	功率 kW	排气量 10⁴m³/d
1.00	10	40	50	50	5.70	350	335.70 (75.60%)	10.50

3.1.2 排气量≥($Q_{\text{额定min}}$ + $Q_{\text{额定max}}$)/2

此时按照压缩机处于高负荷、高压力、高排量的方法进行分析计算。这种工况压缩机存在的主要问题：增压站管辖的上古气井较多，气量高，上古气井全部正常开井生产时，压缩机基本处于满负荷运行，必要时为了避免超负荷运行需要关井降产，如乌 6 站增压站工况。

在该工况下需要确定一组最佳运行参数，使得在排气量较高的情况下压缩机不超负荷运行。

（1）余隙的调整。受动力缸以及压缩缸缸温的影响，特别是夏季，压缩机转速过高时容易引起缸温过高而停机，推荐压缩机转速 330～400r/min。

通过功率、排气量影响因素分析，可知在压缩机不超负荷的情况下，进气压力越高、余隙越小，排气量越大。根据表 12 中的工况条件依次测算不同的允许最大进气压力下，压缩机最大排气量的运行参数，测算结果见表 13。

表 12 DPC2803 压缩机运行工况参数

海拔高度 m	排气压力 MPa	一级进气温度，℃	二级进气温度，℃	转速 r/min
1272	5.60	20	45	400

表 13 DPC2803 在不同最大排气量时运行参数

序号	进气压力 MPa	一级余隙 %	二级余隙 %	功率 kW	最大排气量 10⁴m³/d
1	0.90	5	5	443.50 (87.5%)	12.40
2	1.00	5	5	464.30 (91.6%)	13.80
3	1.10	5	5	482.90 (95.3%)	15.20
4	1.20	5	5	499.20 (98.6%)	16.60
5	1.30	10	5	506.20 (100%)	17.77
6	1.40	20	5	506.30 (100%)	18.71
7	1.50	28	5	505.60 (100%)	19.66
8	1.60	35	5	506.40 (100%)	20.66
9	1.70	43	5	505.40 (100%)	21.63
10	1.80	50	5	506.00 (100%)	22.69
11	1.90	55	5	505.70 (100%)	23.77
12	2.00	60	5	505.80 (100%)	24.86

根据上述分析计算，可以根据不同运行工

况，合理选择允许最大压力条件下相应的余隙。

（2）转速的选择。根据缸温变化情况，选择最大的转速，即得到压缩机处于高压力、高功率、高排量的最佳工况。

3.1.3 DPC2803 压缩机组最佳工况分析计算

应用 DPC2803 高压力、高功率、高排量工况分析计算方法，根据表 14 中的工况条件依次测算在不同允许最大进气压力下，压缩机最高排气量的运行参数，测算结果见表 15。

表 14　DPC2803 压缩机运行工况参数

海拔高度 m	排气压力 MPa	一级进气 温度 ℃	二级进气 温度 ℃
1285	5.60	20	45

乌 6 站最大处理气量 $25 \times 10^4 \mathrm{m}^3/\mathrm{d}$，考虑非正常关井等影响，一般处理气量 $(18 \sim 22) \times 10^4 \mathrm{m}^3$ 之间，未达到最大处理气量时优先选取压缩机功率较小的一组余隙，故选择 "50%、50%、5%" 余隙。目前乌 6 站处理气量 $19.5 \times 10^4 \mathrm{m}^3/\mathrm{d}$，计算出乌 6 站目前最佳运行工况参数见表 16。

表 15　DPC2803 在不同最大排气量时运行参数

进气压力 MPa	一级压缩缸 （ⅰ）余隙，%	一级压缩缸 （ⅱ）余隙，%	二级压缩缸 余隙，%	最大转速 r/min	功率 kW	最大排气量 $10^4\mathrm{m}^3/\mathrm{d}$
0.90	5	5	5	375	562.40（88.7%）	15.97
1.00	5	5	5	375	591.70（93.3%）	17.89
1.10	5	5	5	375	616.9（97.3%）	19.74
1.20	7	7	5	375	634.00（100%）	21.43
1.30	15	15	5	380	641.20（99.80%）	22.89
1.40	22	22	5	385	650.0（100%）	24.34
1.50	30	30	5	390	655.0（99.3%）	25.77
1.60	35	35	5	390	657.0（99.7%）	27.14
1.70	40	40	5	395	667.4（100%）	28.86
1.80	45	45	5	400	676.2（100%）	30.57
1.90	50	50	5	400	675.1（100%）	31.97
2.00	55	55	5	400	675.4（100%）	33.37

表 16　乌 6 站 DPC2803 排气量为 $19.5 \times 10^4\mathrm{m}^3/\mathrm{d}$ 时最佳运行参数

进气压 力，MPa	一级进气 温度 ℃	二级进气 温度 ℃	一级（ⅰ） 余隙 %	一级（ⅱ） 余隙 %	二级余隙 %	排气压力 MPa	转速 r/min	功率 kW	排气量 $10^4\mathrm{m}^3/\mathrm{d}$
1.22	10	45	50	50	5	5.75	390	568.00 （86.20%）	19.50

3.2 润滑油消耗量计算与调节

过量的润滑油既不经济，也是造成活塞积碳和结焦增多、气阀关闭不严、阀片断裂、活塞环卡死、炽热点火、过后燃烧和排气温度高的重要原因。而润滑油量过少，会使各摩擦副缺油，摩擦表面形不成油膜，迅速磨损或卡滞烧损。所以，注油量过大或注油量不足同样有害，确定科学最适量的润滑量显得尤为关键。

（1）动力缸润滑油量估算：

$$Q_{缸}=0.0215P$$

式中　$Q_{缸}$——动力缸润滑油量，L/d；

P——发动机额定功率，kW。

（2）压缩缸及活塞杆密封的润滑油量估算：压缩缸及活塞杆密封的润滑油量由缸径、冲程、转速、杆径、压力决定，过多的润滑油可引起积碳而降低排气阀的寿命。

单个压缩缸和活塞杆密封组的润滑油量按照下式计算：

$$Q_{缸}= (0.023D_{缸}Sn + 22852P_{d})×10^{-6}$$
$$Q_{杆}= (0.0345d_{杆}Sn + 5147P_{d})×10^{-6}$$

式中　$Q_{缸}$——压缩缸润滑油量，L/d；

$Q_{杆}$——活塞缸密封润滑油量，L/d；

$D_{缸}$——压缩缸直径，mm；

$d_{杆}$——活塞杆直径，mm；

S——压缩缸冲程，mm；

n——转速；r/min；

P_{d}——排气压力，MPa。

由以上两组公式可以看出，润滑油的消耗量和压缩机的转速、额定功率、排气压力有关：转速、额定功率、排气压力越高，润滑油消耗量越大。

根据动力缸和压缩缸润滑油量计算公式，分别对乌6、乌7站压缩机总润滑量进行计算，计算结果见表17。

3.3 压缩机润滑油消耗量与注油次数转化计算

压缩机润滑油量通过调节注油器动力缸柱塞泵和压缩缸柱塞泵行程来实现，根据PLC控制柜显示注油次数来判断其注油大小，根据注油分配器的型号进行注油次数的计算，计算结果见表18。

表17　乌6、乌7站最佳运行工况下机油消耗量计算表

增压站	现场标定功率 kW	动力缸润滑油量 L/d	压缩缸编号	压缩缸直径 mm	活塞杆直径 mm	冲程 mm	转速 r/min	排气压力 MPa	压缩缸润滑油量 L/d	密封润滑油量 L/d	压缩缸总耗油量 L/d	压缩机总耗油量 L/d
乌6站	555.1	11.93	1号缸	228.6	63.5	279.4	390	5.75	0.70	0.27	2.79	14.73
			2号缸	228.6	63.5	279.4	390	5.75	0.70	0.27		
			3号缸	177.8	63.5	279.4	390	5.75	0.58	0.27		
乌7站	415.8	8.94	1号缸	254	63.5	279.4	350	5.70	0.70	0.24	1.72	10.66
			2号缸	177.8	63.5	279.4	350	5.70	0.53	0.24		

表18　乌6、乌7站最佳运行工况下注油次数计算表

	动力缸注油分配器	压缩缸注油分配器
乌6站	25T-16T-25T-25T-16T-25T	12sS-08T-12S-35S
	动力缸注油次数	压缩缸注油次数
	计算分配器单次注油量: 0.015×2+0.01×2+0.015×2+0.015×2+0.01×2+0.015×2=0.16in³	计算分配器单次注油量: 0.015+0.005×2+0.015+0.04=0.065in³
	一次注油时间: 0.16×0.0164×24×60×60/11.93=19s	一次注油时间: 0.065×0.0164×24×60×60/2.79=33s
乌7站	动力缸注油分配器	压缩缸注油分配器
	25T-25T-25T-16T-08S	08S-08S-08S
	动力缸注油次数	压缩缸注油次数
	计算分配器单次注油量: 0.015×2+0.015×2+0.015×2+0.010×2+0.01=0.12in³	计算分配器单次注油量: 0.01+0.01+0.01=0.03in³
	一次注油时间: 0.12×0.0164×24×60×60/8.94=19.0s	一次注油时间: 0.03×0.0164×24×60×60/1.72=24.7s

3.4 压缩机润滑油消耗经济性评价

确定压缩机最佳运行参数后,根据最佳工况条件利用上述计算方法,对不同工况下压缩机油品消耗进行计算,2019年1月份对两个站压缩机注油量进行调整,机组运行过程中不断优化调整动力缸、压缩缸润滑油消耗量,统计注油滴数,优化调整前后润滑油用量经济性对比见表19。

表19　乌6、乌7站机油润滑量调整前后经济性对比

集气站		动力缸注油次数滴/s	压缩缸注油次数滴/s	日节余润滑油量L	年节余润滑油费用元	节余合计万元
乌6站	调整前	22	25	1.73	8409.5	
	调整后	19	23			238315.5
乌7站	调整前	19	25	19.94	229906.0	
	调整后	6	16			

从乌6、乌7站润滑油量调整前后对比表可以看出,乌6站日结余机油1.73L,乌7站日结余机油19.94L,全年节约润滑油费用合计约23.8万元,优化调整适当的润滑油注入量既经济,也更利于机组运行,有助于防止活塞积碳和结焦增多导致的气阀关闭不严、阀片断裂、活塞环卡死、排气温度高等异常停机故障。通过调整压缩机注油器注油滴数,实行润滑油精细化管理,可以有效降低压缩机组润滑油消耗,科学适量的润滑量对提高机组运行效率成果显著。

4　总体效果评价

通过优化调整压缩机运行参数和润滑油注油量,对调整后压缩机组运行参数与功率、排气量之间关系曲线分析,根据压缩机实际排气压力和排气量,把压缩机工况划分为两种基本类型,根据每种类型存在的问题,分析计算出该工况下压缩机最佳余隙、转速,最终确立最佳运行工况;同时应用最佳工况下各运行参数对压缩机动力缸和压缩缸注油量进行计算和调节,提高压缩润滑效果,减少不必要的油品损耗,提升压缩机运行效率和经济性。综合对比,调整压缩机运行参数容易实现,且效果较明显,另外成本较低,为最佳解决方案。

5　下一步计划

根据乌6和乌7站压缩机参数调整后3个月运行情况、机油消耗及润滑效果和故障率,进一步验证了计算分析方法的可行性和科学性,具有较大的推广意义;另外根据在本文编写过程中遇到的难点和疑义,提出两点今后的研究方向:

(1)油品更换,润滑油应按质更换,确定更

换标准;

（2）压缩机排气压力影响因素有转速、进气压力、处理气量等，同时与缸径、活塞冲程、冲次等参数存在较为复杂的关系，研究它们之间的关系式，对解决出口单流阀回坐、排气压力低等问题有重要意义。

（作者：蒋玉勇，长庆油田采气一厂，采气工，高级技师；雷富海，长庆油田采气一厂，采气工，高级技师）

注水泵"一拖多"电动机自发电滑环自动降温控制系统节能降耗研究

◆ 朱玉洪　孟亚莉　朱胤臻

目前长庆油田注水过程中普遍采用定子变频调速技术，并升级研发了注水泵"一拖多"转子变频调速系统，配套绕线式电动机使用。但注水设备因连续运行，加之电动机自发电滑环装置无自动降温控制系统，造成自发电滑环装置整体温度过高，频繁发生滑环和绝缘胶木烧毁情况，维护成本较高，影响油田正常注水。本文从研究电动机自发电滑环自动降温控制系统入手，提出了减少自发电滑环损耗的措施，以实现设备高效、经济、合理运行，达到节能降耗的目的。

1　温度升高原因分析及设计思路

电动机自发电滑环装置（图1）由碳刷、导电杆、集电环、卡簧及滑环等部件组成。碳刷的温度一般在 $37 \sim 42℃$，每块碳刷工作电流在 $20 \sim 100A$。卡簧压力均匀，碳刷活动自如且无振动卡涩现象，碳刷与滑环运行中产生的热量由通风孔散发，达到发热与散热基本平衡。但在运行中频繁发生滑环和绝缘胶木烧毁现象（图2），通过对注水泵运行情况观察分析后，发现是电动

机自发电滑环装置温度较高造成。

图1　注水泵"一拖多"电动机自发电滑环装置

图2　电动机自发电滑环装置和绝缘胶木烧毁后现场图片

1.1　温度升高的原因

（1）环境因素。夏季气温较高，注水泵房整体温度高，造成装置温度过高。

（2）人的因素。当班员工每 $2h$ 巡检一次，不能随时掌握装置温度变化情况。

（3）设备原因。自发电滑环装置通过护罩通风孔自行散热，散热效果不佳，且碳刷与滑环磨

合产生的金属粉尘不易扩散聚集在护罩内等，加剧了温度提高。

1.2 设计思路

设计一种电动机自发电滑环自动降温控制系统（图3），利用自发电滑环装置护罩表面风道设计，安装电扇风叶和温度传感器，将温度信息传送到变频柜内，在变频柜内设置报警温度范围，自动控制风扇转动速度，给电动机自发电滑环装置强制散热，合理控制滑环装置温度。

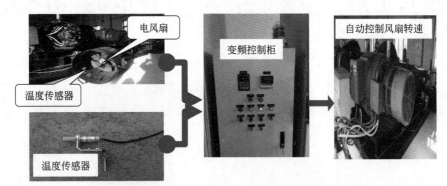

图3　电动机自发电滑环自动降温控制系统设计思路

2 结构设计及材料选型

2.1 结构设计

在风扇罩内安装固定非接触式红外温度传感器（图4），根据风扇罩的尺寸安装风扇叶片，利用扇叶旋转将自发电滑环装置产生的热量通过护罩风道孔向外强制排放，增强散热效果。

图4　温度传感器安装位置图片

2.2 材料选型

2.2.1 温度传感器选型

温度传感器选择非接触式红外温度传感器（图5），这种传感器尺寸小，重量轻，固定方便，可选测量范围多，测量精度高。自发电滑环装置温度控制范围应保持在50℃以下，而温度传感器测量范围0～100℃。

图5　非接触式红外温度传感器

2.2.2 变频器选型

选用GD200A-0R7G-4变频器（内部安装PID自动控制器），支持模拟量控制变频器运行频率，可将变频器运行频率通过模拟量方式对外输出并显示。将变频器的保护参数值设置低一些，可以对风扇起到较好的保护，同时变频器功率比风扇高，可以提供较大的启动力矩，使风扇更好地运行。

3 主要创新点

3.1 设计电动机自发电滑环散热装置

设计了电扇风叶并安装在风扇罩内，利用扇叶旋转加速空气流通，使自发电滑环装置产生的热量通过护罩风道孔向外散热，增加散热效果。经多次试验完善，自发电滑环自动降温控制系统的降温效果较好，尤其是 7～9 月气温较高时，自发电滑环装置运行良好，未发生因温度高引发的故障。

3.2 改进和完善温度感应和 PID 自动控制器

安装了非接触式红外温度传感器，并在变频柜安装 PID 自动控制器（图6），可实现温度显示和控制风扇转速，确保电动机自发电滑环装置运行时温度恒定控制。PID 自动控制器支持大面板显示，可显示设定值和当前值，并自动控制滑环装置温度，不仅防止滑环高温损坏，还节省用电，降低设备使用成本。

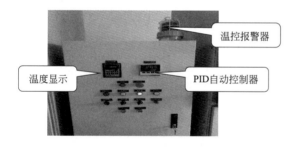

图6 安装了 PID 自动控制器的变频柜

以非接触式红外温度传感器、PID 自动控制器为主要元件，不仅能实现温度报警、温度自控，还能对控制模块进行扩展，实现电脑远程启停，可操作性强，适合数字化智能油田发展需求。

使用变频控制柜控制运行频率，并将数显模块安装在控制柜外部，便于值班人员查看实时温度；在控制柜顶部安装报警灯，当温度超过设定温度时报警灯工作，提示当班员工进行巡检维护。

4 取得的效果

4.1 减少了设备损耗

目前在某综合站安装非接触式温度传感器在

"一拖多"电动机进行测试，依据滑环温度变化，温度探测器上传变频器、控制风扇频率，保证电动机运行时内部温度一直处于理想状态。碳刷维护周期由 3 个月一次延长到 10 个月一次，进一步减少设备损耗。

4.2 减少了耗电量

从测试数据看，该技术在控制电动机风扇的峰值载荷及滑环动载和降温方面具有较好的效果，实现了降温减耗，风扇软启动，使用变频柜 PID 自动控制器前，每台滑环风扇装置平均年消耗电量 3241°，目前控制到每台耗电 2017°，节电率高达 37%。

4.3 减少了设备维修频次

该装置在全厂推广使用后，效果良好，电动机自发电滑环装置检修数量明显下降，由 2015 年 9 次下降至 2019 年 1 次。

4.4 降低维修成本

该装置安装后，滑环温度升高能及时预警，降低设备维修成本，延长设备使用周期。按维修成本计算，革新前一年维修 7～9 台装置，维修费用 9800 元 / 台，年维修费用 8 万元以上；革新后每年只需更换碳刷 1 次，更换费用 1800 元 / 台，年维修费用 1 万元以内。

4.5 降低员工劳动强度

注水泵"一拖多"电动机自发电滑环散热装置温控系统具有自控预警、恒温跟踪、降温减耗、安装简单、散热强等作用，可减少自发电滑环的损耗，减缓员工劳动强度，净化油区生产环境，降低员工作业风险。

5 结论及认识

（1）对比散热装置优缺点及现场可行性分析，该装置操作简单安全，在操作方式上具有极大优越性。

（2）散热装置适用性强。通过现场试验证实该装置具有很好的适用性，与目前注水泵启停标准化操作配套应用，操作方便。

（3）应用范围广。通过温度传感器连接控制模块，在变频柜控制下，具有测温范围广、优化性和可操作性强、驱动风扇运行等设计特点。为下一步站控电脑联网运行一体化，实现高效、经济、合理开发打好基础，为无人值守站智能化设备的运行提供了示范作用。

参考文献

刘铮，贾斌，马丽辉.基于交流异步电机变频调速及多种调速系统的对比 [J].机电信息，2011（9）：1-3.

（作者：朱玉洪，长庆油田第二采油厂，采油工，高级技师；孟亚莉，长庆油田第二采油厂，采油工，高级技师；朱胤臻，长庆油田第二采油厂，采油工）

表架挠度对轴对中测量数据的影响及修正

◆ 赵聚运　黄和平

压缩机组的轴系对中找正操作中，一般都是采用激光对中法、单表找正法或三表找正法来进行同轴度的对中操作，其中三表找正法是应用最为广泛的找正方法。任何一种打表找正法，都不同程度地存在表架挠度变化对打表读数的影响，使检测出的数值与真实数值之间存有一定的误差，最终会影响压缩机组的正常运行。

1　三表找正法简介

转运机组联轴器的对中找正工作，是机组安装检修过程中十分重要的环节。通过联轴器的对中找正，使机组的各轴心线达到同轴的要求，消除各轴在联轴器处不应有的机械应力，使机组安装检修后，运转时各轴仍能保持合理的对中状态，从而保证机器能长期、平稳、正常地连续运转。

三表找正法是指在机组轴系对中的操作过程中，在找正架上同时安装三块百分表，检测时以基准轴（主动轴）为准，通过手动旋转主、从动轴，读出检测三表的数值，得出主轴和从动轴分别在两半联轴器的端面的轴向倾斜及径向位移的偏差，从而以检测数值确定出从动机各支脚处的调整量及调整方向，使其达到所需的冷态对中数值要求范围以内。

三表找正法的其中一块表为径向表，用来测量被测轴上测点的径向位移（同心度）偏差，另两块表为轴向表，互成180°，反向架设在直径方向上均布，用来检测轮毂端面上测点在水平和垂直方向上的轴向倾斜（平行度）偏差，偏差值的大小为两块轴向表的差值（图1）。

图1　三表找正示意图

2 表架挠度对轴对中数据的影响

机组联轴器的对中找正在机器安装过程中占有非常重要的地位，是最关键的工序。联轴器对中找正的质量，直接影响机器效能的发挥及其使用寿命。如果机器各轴对中不合理，机组投产运转时会引起机器的振动以及轴承、齿轮联轴器等转动部件的磨损。

三表找正法的找正表架为一般为自制，对中的取用标准为设备制造厂提供的机组冷态找正曲线。由于找正架属于悬臂结构，固定端与设备半联轴节相连，表端悬空至另一半联轴节处，悬臂的重量加上百分表的重量都要作用在固定端上，这样就使整个找正架出现了一定程度的挠度变化，这个挠度变化不同程度地对打表数值产生了一定的影响，使检测出的表值与实际值之间产生误差，尤其是两半联轴节之间的轴端距离较大时，表值与实际值之间的误差就更大，这就需要对这种误差影响进行消除减小和修正，使打表数值能真实反映机组轴系的具体情况，最终能准确进行调整设备间的轴对中，进而使压缩机运行安全、平稳。

3 表架挠度的实测与消除

3.1 挠度检测工装制作

（1）如图 2 所示，制作加工厚度为 20mm 的两片圆盘，要求圆盘的平面和外圆面具有一定的光洁度。将两片圆盘固定到有足够刚性的圆钢上，制作时可使其中一块圆盘能在圆钢上自由窜动，以适应不同长短距离的找正架，并能紧固牢靠。

（2）安装转子支架，检测工装制作完成。工装制作时注意，整个工装在旋转过程中一定要保持足够的强度刚性，不产生挠性变形。

（3）如图 2 所示，将需检测的找正架安装到检测工装上，调整两圆盘之间的距离，并架设好一块径向表、两块轴向表，径向表的表针触在圆盘的圆周面上，轴向表的表针触在圆盘的平面上。

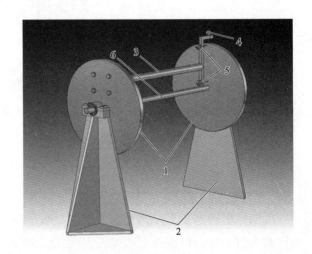

图 2　检测工装示意图
1—圆盘；2—支架；3—找正架；4—径向百分表；
5—轴向百分表；6—圆钢

3.2 挠度变化数据检测

盘动检测工装，先使找正架处于顶部，使径向和轴向百分表在顶部 0°位置，然后慢慢盘动工装，分别在百分表处于 0°、90°、180°、270°时记录百分表数值（图 3），最后回到 0°位置，三块百分表读数归 0（百分表表杆压缩为正值、伸长为负值），得到一组完整的测量数据。为了提高测量的精确度，可以重复多次测量，减少误差的影响。

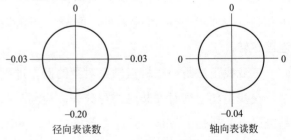

图 3　百分表读数

通过分析图3的数据可以看出，挠度对于百分表在水平方向上的影响是相同的，其差值是0，因此对百分表的测量结果没有影响，而垂直方向，在0°和180°上挠度对百分表的影响是方向相反，其差值是挠度的两倍，不可相互抵消，直接影响百分表的读数和测量结果。如图3所示，径向挠度值为0.10mm，轴向挠度值为0.02mm。

3.3 表架挠度消除与数据修正

在轴系的实际测量中，要保证测量数据的真实性，必须考虑表架的挠度影响。在检测表架挠度值时，对于不同轴间距和测量直径的找正架，可调整工装以适应找正架的实际使用大小，根据检测出的表架挠度值去对实际检测出的轴系百分表读数进行修正。

如以字母 γ 表示径向挠度值，以字母 β 表示轴向挠度值，在实际的轴系对中工作中，径向实测百分表读数在0°、90°、180°、270°的相对位置上分别加上 $-\gamma$、0、γ、0，所得数据即为轴系对中的径向偏差值；同样在轴向实测百分表读数的0°、90°、180°、270°相对位置上分别加上 $-\beta$、0、β、0，所得数据即为轴系对中的轴向偏差值（图4）。

| 表架挠度影响值 | 百分表实测读数 | 修正读数 |

图4 数据修正

4 结束语

表架挠度中的同心度挠度和平行度挠度，在施工中必须同时进行消除，每种表架的实际挠度值应以实际使用的表架进行测量，并加以消除。通过现场实践，验证了挠度数值修正的准确性，使设备的轴对中工作获得了精确的找正效果，设备的安全平稳运行也得到了更大的保障。

（作者：赵聚运，中国石油天然气第七建设有限公司，钳工，高级技师；黄和平，中国石油天然气第七建设有限公司，钳工，技师）

浅谈大口径管道火焰切割机具选择及应用

◆ 林士军

随着我国油、气进口量的增加，输油、输气管道也建设得越来越多，管道材质基本以低碳钢或低合金钢为主，管道规格由以往的 ϕ813mm×12mm、ϕ1016mm×16mm 到目前中俄东线的 ϕ1422mm×27.5mm。随着管道的规格递增，其壁厚也越来越厚。在管道建设施工中，有很多需要管道连头与管口返修的情况发生，特别是市政建设与管线地理位置发生冲突以及发生原油泄漏需要维抢修时，都需要进行管道切割。从现在的管道切割技术来看，基本已经从手工切割逐步变成使用半自动机械切割，但切割机型号、类型有很多种，性质虽一样，但性能、参数以及性价比却各不相同。本文通过阐述目前常用的火焰切割设备与其使用方法，分析其优缺点，给施工人员作为参考。

1 大口径管道切割机具的分类

在大口径管道施工过程中，需要对管道进行断口或坡口加工，从而形成焊接所需的坡口。目前，常用的切割方式主要有两种，分别是热切割和冷切割。冷切割主要应用在对焊接热输入有特殊要求的管道施工中；最常用的切割方式是热切割。热切割加工常用的切割机具主要有三种，一是手摇式管道链条火焰切割机，二是磁力管道切割机，三是轨道式爬管火焰切割机。

2 大口径管道热切割机具对比

2.1 手摇式管道链条火焰切割机

手摇式管道链条火焰切割机（图1）是常见的一种大口径管道切割机，该类切割机采用蜗轮、蜗杆传动，通过增减链条使机器适用不同直径管道的切割；采用手动控制切割速度，可进行I形、V形坡口切割，适合野外无电源作业。

图1　手摇式管道链条火焰切割机

此类切割机具有以下优点：

（1）结构独特，操作简便，易于维修，移动方便，切割辅助时间少；

（2）成本低廉，操作简单，具有极高的可靠性，特别适用于野外无电源场所使用；

（3）驱动链条采用双接搭扣式结构，逐节串联而成，可方便、快速增减，适应不同管径的切割，直径大于108mm的管子均可采用该类型切割机。

此类切割机的缺点是：

（1）操作人员需要手摇控制行走，当切割机运行到钢管下部时操作人员不好操作，单人操作时人员需到钢管另一面操作时，切割过程需要短暂中断；

（2）管道无论是直缝管还是螺纹管，外侧都有焊缝的突起，在手摇切割行走到焊缝处，会有摆动或跑偏现象；

（3）切割速度不均匀，导致切割面平整度有一定差异。

2.2　磁力管道切割机

磁力管道切割机是由小车上的磁性轮吸附于管体上，由伺服电动机驱动，完成周向管道行走。常见的磁力管道切割机型号为CG2-11，如图2所示。

图2　磁力管道切割机

此类切割机具有以下优点：

（1）操作方便，切割管子直径范围广，对直径大于108mm的管子都可以切割。

（2）采用伺服电动机驱动，速度可调（0～10挡），可根据不同厚度的管道和不同切割位置实现不同的切割速度。

此类切割机的缺点是：

（1）切割过程中磁力小车容易跑偏，尤其是切割到管道直焊缝或螺纹焊缝处，易发生方向偏移；

（2）由于磁力小车本身重量较大，在切割仰位时，易发生小车掉落，导致切割中断和发生安全隐患；

（3）管道切割时，磁力小车磁力轮容易吸附切割过程中所产生的氧化物，使其在行走过程产生忽高忽低现象，导致割口表面有锯齿状的割纹，影响切割质量。

2.3　轨道式爬管火焰切割机

轨道式爬管火焰切割机是沿着安装在管道上的轨道，由伺服电动机驱动，完成切割作业的火焰切割机，在大口径管道火焰切割中已广泛应用。目前经常使用两款机型，第一款如图3所示，轨道用特种薄钢板制成；第二款如图4所示，轨道采用铝合金材料加工而成。

图3　钢板轨道式爬管火焰切割机

两款切割机性能和使用方法基本相同，均由两部分组成：一是电源控制系统，控制行走速度与方向；二是行走及火焰切割系统。

图 4　铝合金轨道式爬管火焰切割机

此类切割机的优点是：

（1）操作简单，便于安装，有卡簧可以快速紧固，轨道较宽便于找正，切割平面能保证一致，割口偏差小（在 3mm 以内）；

（2）采用伺服电动机驱动，行走速度均匀一致，在整个切割过程中火焰参数调整无误的情况下，割口质量优良。

此类切割机的缺点是：

（1）设备比较昂贵，采购成本较高。

（2）一种规格轨道适用管径单一，轨道成本较高。

（3）安装移动设备时需要轻拿轻放并且有保护措施，怕磕碰轨道及切割设备。

3　大口径管道热切割机具对比分析

以上常用的三种火焰切割机对比分析见表 1。

表 1　常用大口径管道热切割机对比分析

序号	切割机类型	适用管径	切口质量	操控性	适用场景	其他
1	手摇式管道链条火焰切割机	＞108mm	易出现断口平整度不均匀	良	培训、现场多管径交叉施工	无须电力
2	磁力管道切割机	＞108mm	局部有豁口现象	良	培训	需电力驱动
3	轨道式爬管火焰切割机	单一管径	切口质量好	优	现场施工	需电力驱动

4　切割工艺选择及安全检查

为保证管道切割机切割大口径管道的质量，根据目前使用状况，分别介绍切割工艺参数及安全检查相关内容进行。

4.1　切割工艺

（1）火焰能率、性质及切割氧压力。切割采用氧气和乙炔气作为切割用气。火焰能率根据钢管壁厚，选择合适的割嘴，火焰性质为中性焰，氧气压力为 0.3～0.5MPa，乙炔压力为 0.03～0.08MPa。

（2）切割速度。大口径管道气割，管径比较大，行走距离长，为保证整个气割顺利完成，在保证切割质量的情况下，速度应尽可能慢。以 $\phi1016mm\times16mm$ 为例，切割速度应为 35cm/min；如切割 $\phi1422mm\times27.5mm$ 管径，壁厚较厚，切割机速度约为 26cm/min。挡位的调节及速度快慢，应在气割过程中根据割口面的后拖量来决定。

（3）切割角度。大口径管道的坡口角度应根据焊接的需求而决定。正常切割时，为了便于预热，切割机应向前进的方向倾斜 5° 左右。但如果管壁过厚且大于 16mm，如果再向前倾斜，会增加气割厚度，增加气割难度，只要与行走方向保持 90° 即可。

（4）割嘴与管口表面距离。割嘴离管口表面不能过近。距离小，割口表面容易产生熔边现象；距离远，火焰温度不够，高压氧给不到位。所以割嘴离割口表面距离为 10mm 为宜。

（5）火焰形状及风线。气割前，应点燃并调整火焰为中性焰，火焰形状为自然收缩燃烧状态，无跳火及分叉等燃烧不稳定状态；切割氧风线长度满足要求，成笔直圆柱体形状。

4.2　气割前的安全检查

为保证顺利施工，作业前应进行以下安全检查：

（1）检查气瓶。氧气瓶瓶身及瓶阀处无油脂；乙炔瓶必须直立放置，气体充足。

（2）检查割炬及连接胶管。割炬功能正常，阀门灵活可靠无泄漏，连接胶管无裂纹及破损，连接处严密无泄漏。

（3）检查减压器。减压器各部位正常，压力表在标定有效日期内，回火防止器安全可靠不漏气。

（4）检查切割机具。气割前，应检查切割机具电源开关、调速旋钮及转动部位功能正常。电源连接安全可靠，无漏电漏气等安全隐患。

（5）周围环境检查。气割前应检查周围的环境，要远离易燃、易爆物品，气割过程中的熔渣飞溅可采取遮挡措施，防止引起火灾爆炸等事故。

5　总结

为保证管道切割口的质量，结合上述三种火焰切割机的优缺点，针对不同管径和壁厚，选用合适的切割工艺，选用建议如下：

（1）火焰切割机的选择，要结合本单位设备自有情况和切割管道的管径情况而定。如培训单位，切割管径变化较多，可采用磁力式或手摇式管道链条火焰切割机。

（2）切割钢管为无缝钢管且表面无防腐层，切割管径变化较多，可选用磁力火焰切割机。

（3）施工单位因作业管口相对较为单一，建议选用轨道式火焰切割机。如果施工场所在山区、沙漠等依托条件较差环境施工或工程质量要求不高，可选用手摇式火焰切割机。如果钢管为有缝钢管或有防腐层防护，建议优先选用轨道式火焰切割机。

（作者：林士军，大庆油田铁人学院，油气管线安装工，高级技师）

大型橇装燃驱往复式压缩机组振动原因及典型故障分析和预防措施

◆ 龙大平　范俊钦　李文成

压缩机组广泛应用于长距离天然气管道上，为系统内天然气提供输送的动力，为其满足压力、流量等工艺参数的要求提供保障，是站场生产的关键设备。大型橇装燃驱往复式压缩机组振动大、故障率高，管理难度较大，保障其安全平稳运行成为重中之重 [1]。本文对大型橇装燃驱往复式压缩机组振动原因进行了分析，并结合西气东输某分输压气站国产成橇大型燃驱往复式压缩机组 MH66/16V275GL+ 运行特点，分析并总结了投产运行 6 年来因振动导致的常见故障。同时针对该分输压气站海洋气候环境苛刻、机组振动大和橇内设备布局紧凑的特点，总结机组日常运行维护的经验，提出机组成橇需要关注的事项，为其他类似燃驱往复式压缩机组成橇及日常运行维护提供参考。

1 大型橇装燃驱往复式压缩机组振动源分析

大型橇装燃驱往复式压缩机组运行时振动较大，其产生的原因可分为两大类，即机械振动和气流脉动引起的振动 [2]。

1.1 机械振动

（1）因机组的动力平衡性能不好，由于惯性引起的机械振动。惯性力主要包括机组曲柄旋转引起的旋转惯性力和活塞组件往复运动引起的往复惯性力。转子不平衡和转子不对中都可导致机械振动。

（2）动静件摩擦导致的机械振动。为提高机组的整体效率，在往复式压缩机组中，通常密封动静件间隙设计得较小。然而当转子由于周向受力不均发生非稳定运行时，过小的动静件间隙便会导致转子与静止部件发生摩擦，导致机械振动。

对于橇装燃驱往复式压缩机组来说，机身及辅助系统地脚螺栓松动、设备联轴器找正不当、机组下沉、气缸和缓冲罐支撑不良、压缩机轴瓦和十字头滑道间隙过大、填料或活塞环异常磨损、气阀损坏或密封不严都可导致异常的机械振动，这些项目是日常巡检和机组维护保养中需要密切关注的问题。

1.2 气流脉动引起的振动

气流脉动引起的振动包括气柱共振和管道机械共振。往复式压缩机组在运转过程中，因吸排气的间歇性导致管路中的气流压力和速度呈周期性变化，这种现象称为气流脉动[2]。

（1）气柱共振。管路系统内所容纳的气体称为气柱，因气体有一定的质量，可压缩、膨胀，具有一定的弹性，使气柱像一个类似于弹簧的振动系统。在一定的激发下形成振动，把形成的振动以声速向远方传播。而往复式压缩机的吸排气过程就是这样一个激发过程。气柱有自己一系列的固有频率，若激发频率等于气柱的固有频率，就会发生气柱共振。

（2）管道的机械共振[2]。输送气体的管道本身也是一个弹性系统，当气流脉动时，由于压力脉动的变化，在管道拐弯处或者截面发生变化处就会有周期性的激振力作用。在激振力作用下，管道就会发生振动。若激发主频率等于管道的固有频率，就会发生管道机械共振。配管情况、管路始端和末端边界条件等影响着气柱共振、管道机械共振。如果配管不理想，可能会出现气柱的固有频率、激发频率、管道的基本固有频率相等，即气柱共振和管道机械共振同时出现，将产生极为严重的后果。

2 橇装燃驱往复式压缩机组抑振方法

振动大是该类机型的一大特点，如果机组与管路发生强烈振动，将可能发生如管路泄漏、断裂等事故。为防止往复式压缩机组工作时振动较大或共振，在往复式压缩机组成橇设计及运行维护时需充分考虑其抑振。

2.1 机械振动的抑振方法

对于已经投产的压缩机组来说，在日常运行时经常性检查以下项目，可以一定程度消除异常的机械振动[2]：

（1）检查燃气发动机及往复式压缩机运行声音是否异常和冲击；

（2）检查设备的振动是否符合标准，可以配置便携式测振仪定期对机组机身和管线进行测量和分析；

（3）监测和检查设备轴瓦温度是否正常；

（4）压缩机排气温度和压力应不超过设定值；

（5）检查吸排气阀温度是否发热，声音是否异常；

（6）主要各处跑、冒、滴、漏情况等。

2.2 气流脉动导致的振动的抑振方法

2.2.1 缓冲罐或分离器抑振

一般在压缩机组工艺管线进出口设置缓冲罐对气流脉动进行抑振。国内厂家多遵从美国石油学会的规定，要求缓冲罐的最小容积应为气缸行程容积的10倍。为了缓冲罐抑振效果更好，可对支架进行加固。

2.2.2 工艺管线振动抑振

对缓冲罐出口近端管线和远端管线进行测量，若离缓冲罐较远的管线（远端）振动较严重，说明管道气流脉动是造成该机组振动的主要原因。目前，气流脉动研究，可从振动频率和管内气流压力不均匀度入手[2]。在工程上，可通过在管道适当位置增加限流孔板和加固管线、增加支撑的方法来对工艺管线振动进行抑振。

一般来说，在加固管线和增加支撑时，需要注意以下几点：

（1）往复式压缩机的进出口管道及其他有强烈振动的管道上的支架，注意与压缩机基础和建筑物脱开；

（2）管道支架位置的选取应在所有管道拐弯、分支和标高有变化以及集中载荷附近；

（3）进出口缓冲罐要求支撑牢固；

（4）在管道的固定支撑部位应防止胶皮、金属弹簧或软木等改变管道系统结构的阻尼。

3 典型故障分析

西气东输某分输压气站是一个海岛站场，选用4台燃气发动机驱动的往复式压缩机组，压缩机型号MH66，发动机型号16V275GL+，成橇后于2012年12月19日投产。自投运以来，通过对压缩机运行和检修中发现的问题进行统计，有绝大部分是因为各种振动问题而造成的故障停机。以下列举一些典型的故障。

3.1 压缩机组仪表类故障

仪表类故障主要表现为机组振动大，造成现场仪表工作不稳定，多次出现仪表损坏或线路虚接引起机组报警停机。仪表主要包括压缩机组进口压力变送器（故障5次）、压缩机气缸热电阻（故障2次）和压缩机润滑油温度探头（故障5次）等。

仪表出现跳变后，现场专业技术人员拆卸压力变送器后端盖检查，发现多为接线端子松动或者线缆破皮等现象。分析原因为：

（1）变送器立柱安装在橇座上受振动影响大，长时间较大振动，导致接线端子松动数值跳变；

（2）变送器线缆长时间振动与端盖摩擦破损，振动时接触金属端盖短路导致数值跳变。

该压气站对压力变送器位置进行了调整，将压力变送器通过延长引压管调整至橇装外，机组在运行时，变送器振动大大减小，此后压力跳变情况少有发生。对于不能进行位置调整的其他仪表，在日常维检修过程中注意对机组的仪表接线、接地、屏蔽等环节的检查，发现接线松动及时进行紧固，发现接线破损或断线及时更换。

3.2 燃气发动机控制线缆破损

西气东输该分输压气站2号压缩机组于2017年6月6日发生一起因发电机4L气缸爆震报警触发紧急停机事件。经过一系列的排查和多次试启机，专业人员在检查更换完爆震传感器、发动机4L气缸火花塞和进气阀组件、高压点火线圈以及发电机ESM模块后，仍未解决气缸爆震报警触发紧急停机问题。最后经过再次全面排查，最终发现该发动机4L气缸爆震传感器线束（靠近线槽盖板处）因长时间震动磨损，导致导线铜体裸露，震动时与盖板接触造成信号异常，导致导线铜体裸露与盖板接触造成接地短路，出现气缸爆震报警，导致停机。线束破损位置较隐蔽，且破损量极小，难以发现，如图1所示。

图1　线缆破损位置

此后，对4台压缩机组的发动机的线束使用软体进行包裹，使线束无法与线槽盖板接触摩擦。改造后未出现类似报警停机。

3.3 压缩机进出口缓冲罐焊口开裂

压缩机组投产前期，该分输压气站出现压缩

机组缓冲罐焊缝开裂，导致天然气从焊缝开裂处漏出。开裂位置为缓冲罐与压缩缸连接法兰处的焊缝，如图 2 所示。西气东输成立调查组对缓冲罐焊缝开裂原因进行调查分析，确认导致缓冲罐焊缝开裂的直接原因是焊缝处应力水平和往复式压缩机周期性循环载荷振动造成的机械疲劳；根本原因是缓冲罐制造质量问题，在缓冲罐变径及弯头部位，产生破坏性较强的激应力，最终导致缓冲罐接管角焊缝处出现疲劳裂纹，并以疲劳裂纹为起点向周围扩展[3]。

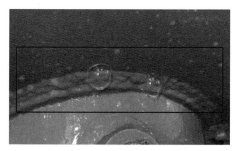

图 2　焊缝开裂位置

出现问题后，更换了新的缓冲罐，新缓冲罐在焊缝处进行补强处理，缓冲罐内部隔板与筒体之间、隔板与扰流管之间、扰流板与支撑之间进行满焊，如图 3 所示。

图 3　新缓冲罐在焊缝处进行补强处理

4　对燃驱往复式压缩机组成橇及日常运行维护建议

（1）机组成橇时常用仪表的选型建议：对于处于海边的成橇压缩机组，海洋气候中空气含水气较大，盐雾的腐蚀性较强，在选择仪表外壳时建议选用无铜铝喷涂防腐涂层或 316SS 材质，防护等级通常最低选用 IP56[4]。往复式压缩机橇振动较大，对于压力表，在选择表盘直径时选用 100mm 的表盘，同时表盘内应填充防振硅油，减小由于振动对测量精度产生的影响；对于温度计，在选择表盘直径时选用 100mm 的表盘即可，同时表盘内应填充防振液或采用仪表本体特殊耐振结构来减小振动对测量精度产生的影响。

（2）燃驱往复式压缩机在仪表安装时，要充分考虑其振动影响，尽量不要直接安装在橇体上。

（3）要开展压缩机组状态监测工作。当前大型往复式压缩机组自控系统能对工艺参数、振动、温度等进行监测和报警停机保护，但还是不能完全反映机组的技术状态。即机组尽管设置有振动监测和报警停机，各级排气温度高报警停机，但产生振动大和温度高的原因还是不能反映出来。因此还需要采用一些专用的仪器对压缩机的状态进行定期监测。简单的可以用红外线测温仪、便携式测振仪对压缩机的气阀温度和某些重要部位的振动进行定期监测。有条件的可以采用往复式设备状态监测仪定期对压缩机进行分析，它通过红外线、超声、压力传感器、振动传感器相结合，测试压缩机的功图，通过压缩机的功图和在每个工作循中的事件分析出压缩机气阀、十字头、连杆瓦、活塞环的技术状态[5]。重视开展压缩机组状态检测工作，提早发现、排除设备隐患，保证压缩机的正常运行。

参考文献

[1]　李潇 . 压缩机主辅设备振动与噪声抑制方法及海洋平台损伤声发射信号分析方法研究

[M].北京：北京化工大学，2015：1-2.

[2] 宋彬，张博彦，朱宁宁.往复式压缩机振动分析及处理方法 [J].兰州石化职业技术学院学报，2011，1（4）：17-20.

[3] 端木君，朱贵平.往复式压缩机缓冲罐焊缝开裂事故原因及对策 [J].油气储运，2016（2）：221-225.

[4] 高帅，宫俭纯，赵华东.海洋石油平台电驱往复式燃气压缩机橇内仪表选型 [J].石油化工设备，2017，20：84-86.

[5] 李彩霞，杨建刚，朱瑞，大型往复式压缩机组故障分析及预防措施 [J].压缩机技术，2012，1（231）：54-57.

（作者：龙大平，国家管网集团西气东输公司，输气技术高级工程师；范俊钦，国家管网集团西气东输公司，输气技术工程师；李文成，国家管网集团西气东输公司，输气工，中级工）

120万吨焦化压缩机停机原因探讨

◆ 谢文奋

　　某120万吨延迟焦化装置2007年10月建成，采用工艺包，以减压渣油为原料，装置由焦化部分、分馏部分、吹汽放空部分、切焦水循环部分、冷焦水密闭循环部分、富气压缩部分、吸收稳定部分和干气脱硫部分及变配电室组成，生产规模为120×10⁴t/a。富气压缩机组是装置的重要组成部分，设置独立的CCS压缩机机组控制系统，完成机组的调速、防喘振控制、负荷控制、过程控制、联锁保护等，并与DCS系统进行通信。DCS控制室与全厂共用一个中央控制室。2019年底，120万吨焦化装置由于设备原因，导致机组停机，直接影响装置长周期运行。

　　120万吨延迟焦化装置富气压缩机组由压缩机和汽轮机组成，压缩机采用的是离心式、单轴双支撑多级压缩机，两段压缩，压缩机由背压式汽轮机直联驱动。

1　富气压缩机组联锁系统构成

　　富气压缩机组联锁控制系统主要由WOODWARD505、Benteli、DCS和SIS系统构成，通过系统之间的信号传递来实现联锁控制。富气压缩机组本体联锁回路由机组转速、机组位移、机组振动组成。本次停机由振动大引起，联锁回路由汽轮机轴振动10202VI9051X与10202VI9051Y、汽轮机轴振动10202VI9052X与10202VI9053Y、汽轮机轴位移10202XI9051X与10202XI9051、压缩机轴振动10202VI9024与10202VI9025、压缩机轴振动10202VI9026与10202VI9027、压缩机轴位移10202XI9030与10202XI9031高高二取二组成，具体联锁逻辑关系如图1所示。

2　停机故障原因排查

　　2019年11月15日19点49分，汽轮机轴振动10202VI9051X和10202VI9051Y高高二取二联锁停压缩机，DCS系统显示振动值跑最大，经查SIS系统SOE记录如图2所示。

　　机组振动监测仪表回路信号传输主要由振动探头、转换器、SIS系统、DCS系统构成，如图3所示，由此分析导致汽轮机轴振动显示最大的原因有以下几方面。

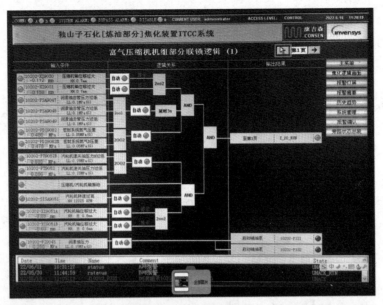

图 1　富气压缩机逻辑图

11/15/2019	16:19:49.721	12167	F10202_K301_C	FALSE	联锁压缩机停指示（辅百久）
11/15/2019	16:19:49.721	10083	D10202_SWITCHV	TRUE	阀位开关信号至SIS系统
11/15/2019	16:19:49.621	10113	D10202_ZIC9052B	FALSE	速关阀10202-EV-333B全关状态
11/15/2019	16:19:49.621	10112	D10202_ZIO9051B	FALSE	速关阀10202-EV-333B全开状态
11/15/2019	16:19:49.621	10111	D10202_ZIC9052A	TRUE	速关阀10202-EV-333A全关状态
11/15/2019	16:19:49.621	10110	D10202_ZIO9051A	FALSE	速关阀10202-EV-333A全开状态
11/15/2019	16:19:49.521	12205	F10202_VI9052Y_HH	FALSE	汽轮机Y轴轴振动指示
11/15/2019	16:19:49.521	12115	FSRG_PID_A	FALSE	输出来源标志 PID输出 −1
11/15/2019	16:19:49.521	10081	D10202_TRIP505	FALSE	505跳闸信号至SIS系统
11/15/2019	16:19:49.521	02075	MPARTAL_A	FALSE	防喘振调节半自动=1 −1
11/15/2019	16:19:49.521	02059	MAUTO_A	TRUE	防喘振调节自动=1 −1
11/15/2019	16:19:49.421	12407	F10202_SHUTDOWN_SIS	FALSE	停富气压缩机10202-K301
11/15/2019	16:19:49.421	12378	S_10202_SHUTDOWN_SIS	FALSE	SIS系统去505跳闸信号
11/15/2019	16:19:49.421	12372	S_10202_PSV9001B	FALSE	放火炬大阀C10202-PV-9001B联锁打开
11/15/2019	16:19:49.421	12313	S_10202_FSV9021	FALSE	防喘振阀C10202-FV-9021联锁打开
11/15/2019	16:19:49.421	12284	S_10202_ESV333B_C	FALSE	速关阀C10202-EV-333B联锁关
11/15/2019	16:19:49.421	12283	S_10202_ESV333A_C	FALSE	速关阀C10202-EV-333A联锁关
11/15/2019	16:19:49.421	12259	S_10202_HSV_9005A	FALSE	电磁阀A
11/15/2019	16:19:49.421	12195	F10202_VI9051Y_HH	FALSE	汽轮机Y轴轴振动指示
11/15/2019	16:19:49.421	12190	F10202_VI9051X_HH	FALSE	汽轮机X轴轴振动指示
11/15/2019	16:19:49.421	12183	FSUFARTAL_A	FALSE	防喘振调节半自动=1 −1
11/15/2019	16:19:49.421	12180	FSUAUTO_A	TRUE	防喘振调节自动=1 −1
11/15/2019	16:19:49.421	12095	FI_20_RUN	FALSE	INTERLOCK I-20 FOR COMPRESSOR
11/15/2019	16:19:49.421	12033	F10202_HSV_9005	FALSE	9005电磁阀
11/15/2019	16:19:49.421	02105	GAUTO_A	TRUE	防喘振调节自动=1 −1
11/15/2019	16:19:49.421	02058	GPARTAL_A	FALSE	防喘振调节半自动=1 −1
11/15/2019	16:19:49.321	12200	F10202_VI9052X_HH	FALSE	汽轮机X轴轴振动指示
11/15/2019	16:19:49.121	12204	F10202_VI9052Y_H	FALSE	汽轮机Y轴轴振动指示
11/15/2019	16:19:49.121	12199	F10202_VI9052X_H	FALSE	汽轮机X轴轴振动指示
11/15/2019	16:19:49.121	12194	F10202_VI9051Y_H	FALSE	汽轮机Y轴轴振动指示
11/15/2019	16:19:49.121	12189	F10202_VI9051X_H	FALSE	汽轮机X轴轴振动指示
11/15/2019	07:27:01.721	12115	FSRG_PID_A	TRUE	输出来源标志 PID输出 −1
11/15/2019	07:27:01.721	12107	FMAN_OVRD_A	FALSE	输出来源标志 手动输出 −1
11/15/2019	07:27:01.621	12107	FMAN_OVRD_A	TRUE	输出来源标志 手动输出 −1

图 2　SIS 系统 SOE 历史记录

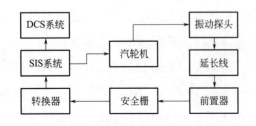

图 3　仪表信号传递方框图

2.1　汽轮机自身振动

　　首先与工艺人员及钳工人员，对机组现场油路系统、干气密封系统、蒸汽系统、循环水系统、机组负荷进行检查，调取 S8000 系统历史记录对机组进行综合分析，各项指标在停机前均正常，排除机组自身振动过大导致停机原因。

2.2 现场仪表设备故障

现场振动仪表检测由本特利探头、延长电缆、前置器、仪表信号电缆组成，检查汽轮机4支振动探头间隙电压在 9.8～10V（直流）之间，与安装时的间隙电压记录进行比较未发生变化；测量振动探头阻抗值都在 10Ω 左右，前置器供电电压在 −23～24V（直流）之间，延长电缆阻抗在 12Ω 左右，前置器输出信号在 8～9V（直流），均在正常范围内；检查探头与延长电缆和前置器之间信号接头连接完好，无接地现象，排除现场仪表设备问题。

2.3 回路接线松动

仪表回路接线松动或氧化虚接是仪表常见故障之一，多次发生信号线松动导致设备联锁发生，为避免接线点过多，装置联锁仪表信号均采用直拉电缆（图4），未采用经中间接线箱，通过多芯电缆再将信号引入机柜间的方式。对回路接线端子逐一检查和测量，未发现接线松动或氧化虚接，排除该故障原因。

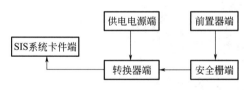

图4 仪表信号接线回路图

2.4 SIS 系统卡件通道坏

该套装置使用的 SIS 系统为康吉森系统，装置发生过卡件通道损坏，导致测量信号显示最大或不显示。检查 SIS 系统输入卡件通道信号，用模拟信号发生器输入 4～20mA 信号，SIS 系统显示正常，排除 SIS 系统卡件故障。

2.5 转换器设备故障

机组仪表信号监测常用两种方式，一种是将现场机组振动检测信号传输至本特利 3500 系统，通过本特利 3500 系统输出信号到 SIS 或 DCS 系统来实现联锁控制；另一种是通过信号转换器，转换成 4～20mA 或 DO 信号输出，再分配到 DCS 或 SIS 系统。该机组采用通过派利斯 TM 系列转换器转换成 4～20mA 信号输出到 SIS 系统，实现机组振动联锁。派利斯 TM 系列转换器可以和任何类型的涡流探头系统连接使用，能应用于一般场合，也可与防爆隔离栅连接应用于防爆现场，可实现 4～20mA 信号输出、报警、停机、原始信号的缓冲输出、遥控复位功能、报警点的设置和调整，可以直接驱动两级报警继电器，给出"ALERT"和"DANGER"输出等功能。派利斯 TM201 转换器接线如图5所示。

检查 DCS 机柜间 10202-DCS-SYS-03（R）机柜，安装有派利斯 TM 系列转换器 13 台，其中汽轮机轴振动 4 台、汽轮机键相 1 台、汽轮机轴位移 2 台、压缩机振动 4 台、压缩机轴位移 2 台。2019 年装置检修时更换了 8 台派利斯 TM 系列转换器，因检修费用不足其余 5 台未进行升级更换。机柜间转换器安装如图6所示。

（1）通过检查 SIS 系统历史趋势及 SOE 记录，于 2019 年 11 月 15 日 16：19：49：421 时，汽轮机轴振动 10202VI9051X 和 10202VI9051Y、汽轮机轴振动 10202VI9052X 和 10202VI9052Y 显示达到高高联锁值 75μm，导致联锁停富气压缩机组，但停机后汽轮机 4 个轴振动信号保持均 154μm 未恢复，如图7所示。检查汽轮机 4 个振动联锁回路的前置转换器和派利斯转换器，汽轮机轴振动 10202VI9051X 和 10202VI9051Y、汽轮机轴振动 10202VI9052X 和 10202VI9052Y 派利斯转换器模拟量输出为 16mA，显示 154μm，汽轮机键相 10202KI9051 输出 80%。

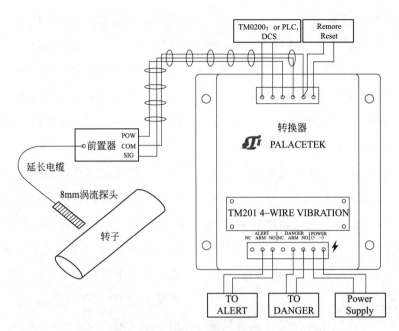

图5　派利斯 TM201 转换器接线

图6　机柜间转换器安装图

（2）检查派利斯转换器至 SG8000 的 BUF OUT 输出电压直流 9.6V（即振动值为 0μm），因此 SG8000 中这 5 个信号显示正常。但是转换器输出电流保持为 16mA，导致 SIS 系统中指示不恢复。依次对机柜内派利斯转换器检查无报警，并进行复位操作、现场断开探头和前置器，5 个转换器输出均不回零；但在检查过程中出现汽轮机键相 10202KI9051 派利斯转换器烧坏，进一步

检查派利斯转换器供电，发现直流 24V 电源负极母排对地电压为 10.6V，24V 电源正极母排对地电压为 34.75V。

（3）机柜间共有机柜 17 面，仪表 24V 供电系统有两套电源系统，一套供电系统给装置后增加的 VOC 设施供电，共计 3 面机柜，测量仪表供电电源负极对地电压均为 0V（直流），内部供电正常；其余 14 面机柜由另一套供电系统供电，

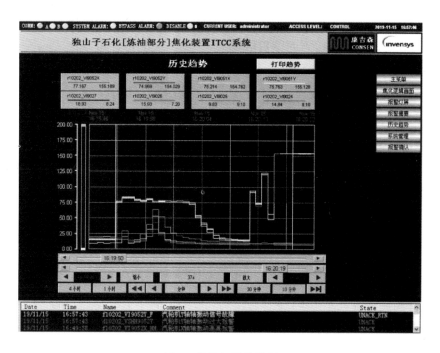

图7 信号记录趋势图

测量仪表供电电源负极对地电压均为 10.6V（直流），由此判断供电系统回路出现问题。为尽快恢复装置生产，将 10202-DCS-SYS-03（R）机柜（13 个派利斯转换器、3 个监测模块）供电电源由现配电柜改为 VOC 配电柜 24V 直流供电，逐个测试派利斯转换器输出全部指示正常。

3 停机故障原因分析

经综合排查分析评估，确定本次压缩机停机是由于供电系统故障，初步判断是由于电源负极串电引起。该装置机柜间仪表接地采用等电位接地原则，负极接地悬空。仪表机柜内分别设置信号接地汇流排和安全接地汇流排，各个机柜的汇流排再接至机柜间的信号接地铜排和安全接地铜排，再由电气专业接入现有接地系统。现场仪表控制盘、仪表电缆汇线槽、仪表设备、现场接线箱和仪表密封接头的仪表安全接地，可在现场通过管廊或框架直接与电气接地网连接；现场仪表

的信号接地应在机柜间侧接至仪表信号接地汇流排上。经调查 2019 年装置大修前未出现负极对地带电现象。

（1）对大修期间与 DCS 控制系统有关联的改动设备进行排查；检查所有有源输出，对高危泵、顶盖机、底盖机输出信号测试均正常；考虑单独供电设备，对报警器、超声波逐台断电、拆线检查，未发现问题原因。

（2）经过风险评估后对摩尔电源进行检查，逐个拆除现场负载，检查 24V 直流电源 PSU01-PSU04 模块输出电压及电流输出值以及对地电压，均在正常范围内。

（3）排查现场设备的输入信号，再次针对此次大修技术措施项目新增的除焦塔 A 塔和 B 塔顶盖机相关电气、仪表与 DCS 相关的信号回路进行彻底断开排查。对顶盖机 4 个反馈进行拆线检查，拆线后 24V 直流母排对地电压立即恢复正常，且 DCS 系统供电稳定，其他各信号显示正

常，由此确认问题为顶盖机反馈信号导致此次电源输出偏差。检查发现本应为干接点的顶盖机开关回讯信号，实际带有约10V直流电压，接入DCS系统DI板卡，DI板卡共负极，对焦化装置电源输出产生影响；但VOC单元的24V直流电压与之独立，因此未受到影响。

（4）顶盖机反馈信号采用的是霍尼韦尔的回讯开关，检查回讯开关接线有4组端子，两组常开端子，两组常闭端子，如图8所示，除焦塔A塔和B塔顶盖机反馈信号并联后分两路，一路反馈至DCS系统，一路反馈至PLC系统，从而造成开回讯信号带电压串入DCS系统DI卡板。

（5）调取S8000系统历史趋势发现11月11日上午12点左右，S8000系统振动测量值陆续出现波动。判断为运行过程中，电压信号在顶盖机开、关过程中，断续作用在机组振动回路中的齐纳隔离栅处，达到齐纳隔离栅导通电压，造成振动测量值升高，进而触发联锁。顶盖机运行过程中，电压信号在顶盖机开、关过程中，机柜供电系统负极带电，断续作用在机组振动测量回路中的齐纳安全栅处，齐纳安全栅基于反向击穿特性，由限压电路、限流电路和熔断器组成，R为限流电阻，Vz1、Vz2为齐纳二极管，FU为快速熔断器。系统正常工作时，安全栅电压不高于齐纳二极管的击穿电压，齐纳二极管截止，不影响正常工作电压。当出现短路时，安全栅电压高于齐纳二极管击穿电压，二极管击穿，电压被限制在击穿电压（17.5V）上，导致联锁输出后电流保持在16mA。由于检查过程中不断进行对地测试，导致二极管击穿，电流出现超程指示，且正极35V直流与地形成电压，影响派利斯转换器工作，导致损坏，输出信号跑最大。

4 改进的措施

（1）对涉及的设备进行测试，更换汽轮机键相和汽轮机振动转换器，升级为TM500系列；取消安装机柜间的齐纳式安全栅，现场来的振动信号直接进转换器，通过转换器转换后进入SIS系统。

（2）在DCS系统中通过电源监控模块进行电源监控，设置每个电源模块的电压、电流等参数的历史趋势和报警值。

（3）故障排查过程中缺少相关标识标记，完善机柜间接线资料和台账。

（4）增加负极对地电源系统的监控报警，将负极对地的信号引入DCS系统实现监控。

（5）统计分析全厂24V直流供电设备耐压值，对电源系统异常的及时进行处理。

（6）对现场仪表与中间转换单元设备在下个检修周期，使用同一品牌的设备；目前压缩机振动探头及前置器使用的是本特利产品，而转换器使用的是派利斯产品。

（7）加强对施工项目的管理，新增项目在安装调试及联校过程中做到步步确认。

（8）加强员工的技能培训，提高技能水平，提高故障查找的分析和判断能力。

5 结论

通过这次对富气压缩机组停机的故障原因分析，对机组在运行过程中的关键设备存在的隐患进行排查、分析及处理，对提高维护人员的分析判断能力，为今后处理类似故障提供指导意义，对实现机组安全平稳长周期的运行有重要作用。

参考文献：

[1] 彭 莉，杨 亮，杨 森.齐纳式安全栅设

计与应用问题探讨 [J] . 矿业安全与环保, 2008, 35 (12): 40-42.

[2] 吴恩远, 刘菁, 裴善勇 . 消防设备电源监控系统设计及应用简析 [J] . 建筑电气, 2014 (9) .

[3] 杨超 . PTA 装置空压机组振动原因分析及解决措施 [J] . 化工机械, 2017, 44 (6): 655-661.

[4] 孙立欣 . 富气压缩机组停机原因分析及解决措施 [J] . 石油和化工设备, 2012 (09): 60-62.

(作者: 谢文奋, 独山子石化, 仪表维修工, 高级技师)

拱顶金属储油罐进出口管线位置对外输油品质量的影响及改造

◆ 梁庆辉　　孟亚莉　　姚来喜

长庆油田第二采油厂中集站共有储油罐4具,沉降罐2具,库容量为39000m³,承担着岭南作业区、岭北作业区来油的处理和长庆第二输油处的外输任务。

外输原油交接时,由倒罐泵进行倒罐转油操作,交接完后,往往是原油化验结果达标,但外输原油的含水却严重超标。主要表现为含水超过协议规定的0.5%上限,其次是超过协议规定的15min。在外输油品交接时,由于含水超标、超时会对单位造成很大的经济损失。经过多次现场取样检验和分析探讨,均不能找到外输原油含水高的原因。本文从导致外输油品质量差的影响因素入手,探讨相应的改造措施。

1　外输交接油品现状

根据中集站多年的运行经验,发现一个共同问题:在原油外输过程中,开始的前30min甚至更长时间内油品含水居高不下,远远超过了0.5%的含水率。根据外交协议,含水在15min内小于0.5%按每班质量含水加时段含水量计算,超过0.5%按1.5倍计算含水量,超过15min且含水大于2.5%,按超标持续时间段内平均含水率2倍计算。交接双方在每次交接油品的过程中都存在较大争议,但对外输含水高的原因,都没有肯定的结论。

经过多次探讨及现场试验,尝试改变倒罐转油方法,倒罐泵倒罐完成后,再利用外输线转油倒罐,测试含水合格后再外输,仍然达不到理想的原油交接含水率。2020年2月4日含水对比,见表1。

表1　2020年2月4日外输启泵后的含水

时间	外输液量 m³	含水率 %	温度 ℃	压力 MPa
18:00	57	0.68	27	0.7
19:00	57	0.65	27	0.7
20:00	57	0.66	27	0.7
21:00	56	0.64	27	0.7
22:00	56	0.56	27	0.7
23:00	56	0.49	27	0.7

2020年2月4日，站内7号拱顶金属储油罐通过倒罐泵倒罐，含水合格后进行外输，长达5h含水才达到交接合格率，导致时段扣水量分别为0.733t、0.805t、0.790t、0.903t、0.790t。按照协议的1.5倍扣罚，加班际平均含水率0.602%扣水量，当班扣水量高达9.646t。6号罐外输启泵后时段含水超标，扣水量为2.480t、2.365t；加班际平均含水率0.314%，该班扣水量为6.615t。给单位造成了不小的损失。

2 含水居高不下原因分析

针对转油倒罐后含水居高不下的问题，组织专家及技术人员进行研讨分析，认为主要原因有以下几方面：

（1）各储油罐之间连接阀门关闭不严造成蹿水。

（2）罐底水层和乳化层厚度超过标准，倒罐转油时间短，转出量少。

（3）转油线直径为219mm管线，外输线直径为273mm管线，安装在同一平面的两条管线，外输线低于转油线25mm，造成含水原油转不彻底。

（4）操作人员手工取样误差。

（5）沉降罐溢流含水不合格。

（6）含水分析仪有误差。

根据以上原因逐条排查、仔细比对，进行详细的检查和现场试验，发现储油罐之间连接阀门密闭性完好，排除了阀门蹿水的可能。倒罐转油后，通过多次对外输罐0.6m以下每隔0.1m处取样检测得出结论：0.6m以下含水超标，0.6m以上含水合格，日常外输管线在管壁的高度为0.6m及以上，因此外输时不会出现高含水。同时标定了含水分析仪，检测了手工取样的准确性，均没发现问题。因此排除了倒罐

转油含水合格后造成高含水的直接原因，最终将原因锁定在罐底水层、乳化层的厚度，以及管线高低位差上。

3 原因查找及改造过程

2020年6月底至9月初，集输大队对中集站7号拱顶金属储油罐进行了清罐维护作业，在维护过程中对含水居高不下问题进行研究，得到了最终的结论：在建罐时，外输管线在罐内加了一个0.4m的弯头，比倒罐线低0.42m，出现了0.42m的管线高低位差，这就造成了用倒罐泵倒罐化验含水合格后，再用外输泵输油时含水居高不下的直接原因。

针对这个重要原因，需要对7号拱顶金属储油罐进行技术改造。改造方法是：将外输线的弯头割下来安装在倒罐线上。改造后，外输线高度提高了0.4m，转油线降低了0.4m。从理论上分析，利用倒罐线倒罐含水合格后，外输含水不会超过协议规定的0.5%。

4 改造后运行数据分析

7号拱顶金属储油罐管线位差改造后，对倒罐后外输油品含水经过监测分析，均无出现高含水现象，实现了平稳交接。改造3个月后，对倒罐后外交原油含水数据进行了对比，外输原油含水自启泵后没有出现高含水现象，由站内数字化系统监测的含水曲线图也一直表现为正常。

后期通过实际运行和含水检测分析，实际含水量已经完全达到交接标准。2020年9月，中集站8号拱顶金属储油罐维护过程中也检查出了外输线与倒罐线之间的管线高低位差，依据7号储油罐的改造经验对8号拱顶金属储油罐实施了改造，运行效果良好。

5 结论及认识

储油罐是一种储存油品的容器，同时是管道运输中的油源接口。通过 7 号、8 号拱顶金属储油罐管线高低位差的改造，外输原油完全达到了外交协议规定的原油含水率 0.5% 以下，减小了对外交接原油由于含水率居高不下造成的扣罚损失。两具罐按改造以前每月交接 6 次计算，一年交接 90 次以上，每次扣罚 12t，每年被扣罚原油 552t。改造后相当于每年为第二采油厂节约产量 600t 以上，可挽回经济损失 180 余万元。也为以后转油倒罐后含水超标找出了问题的关键，为企业节约了大量资金。

（作者：梁庆辉，长庆油田第二采油厂，采油工，高级技师；孟亚莉，长庆油田第二采油厂，采油工，高级技师；姚来喜，长庆油田第二采油厂，集输工，高级技师）

油气集输复合管线刺漏原因与处理

◆李秉军 李 明 闻 伟 周 燕 王培华

1　问题的提出

　　华北油田地处京津冀腹地，部分油区毗邻雄安新区，为环境敏感区，安全、环保压力巨大。目前华北油田油气集输管道 1.2 万余千米，受地下产出物、地下环境及添加各种药剂影响，生产中管线经常出现腐蚀、刺漏穿孔的问题。仅 2018—2019 年，华北油田因管道补漏、维修次数达 1187 次，油井停井 1289 口之多，经济损失达上百万元，泄漏的原油造成环境污染。针对此情况，在生产现场大面积推广使用了非金属管线，柔性复合管线就是其中的一种。柔性复合管线因其良好的抗腐蚀性，施工方便快捷、重量轻等优点，得到了油田生产单位的认可，占比越来越多。到 2020 年底已推广复合管线 1200 余千米，占总油气集输管线的 11%。但是在生产过程中，也出现了各种意外情况造成管线破损刺漏等生产问题。

2　存在的问题

　　（1）由于柔性复合管材质的特殊性，碰到坚

硬铁器极易破损出现渗漏；同时也极易遭到盗油分子的破坏，一旦发现不及时，就会引起大面积跑油事件，造成环境污染，给企业造成巨大经济损失和负面影响。

　　（2）维修中不能动用机械设备挖漏，只能人工完成，劳动成本高。

　　（3）找到漏点后，需要挖开较大的土坑，挖掘时间长，造成油井和外输管线停井、停输时间长，影响生产。

　　（4）维修 100mm 以上管线时，需要专业队伍完成，汇报、安排等待时间长，影响正常油气集输生产。

　　（5）压制管线接头机器体积大、笨重，需要的操作空间大，清理施工现场耗时长。在靠背吊进入不了的施工现场，需要人抬，协助的人员较多，员工劳动强度大，也不安全。

3　解决思路

　　为了解决上述问题，快速处理柔性复合油气集输管线刺漏故障，缩短管线维修时间，保证油

气集输正常运行，在传统的管线打卡子维修方法上，针对复合管线的特性，研制了复合管道维修装置（图1）。

图1　复合管道维修装置图片

复合管道维修装置由钢制卡子和钢制接头组合而成（图2），每两个为一组。钢制卡子由铸钢加工而成，由上下两个相同的卡瓦和专用连接头组成，主要结构由上下卡瓦本体、倒扣波峰、加强板、锁紧孔、锁紧螺栓组成。专用连接头由两个内外螺纹钢接头、活接头和密封胶圈、密封垫圈组合一体，接头和复合管连接处加工成波谷和倒扣槽，倒扣槽每三道间隔加工密封槽。

复合管道维修装置具有如下结构特点：

（1）钢制卡子和钢制接头不是分离的，在使用中通过卡子的卡环和钢制接头卡槽的合体，把二者固定成一个整体，增加牢固性和密封性。

（2）卡瓦内壁波峰和钢制接头上的倒槽有效结合一体，连接更牢固；同时，卡瓦内壁波峰既能压制复合管又不会对复合管表面造成伤害。

（3）钢制接头上的密封胶圈使钢制接头和复合管线结合更加紧密牢固。

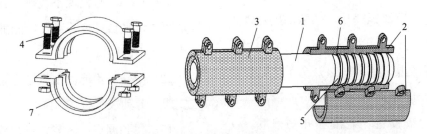

图2　复合管道维修装置示意图

1—钢制接头；2—加强板；3—钢制卡子；
4—锁紧螺栓；5—密封圈；6—倒扣槽；7—波谷

4　使用方法及注意事项

当油气集输管线发生刺漏后，按要求停止设备和油水井正常运行，挂好停运牌，倒好流程，关闭上下口阀门，放空管线余压。将柔性复合管道维修装置带到施工场所，并准备好相应维修工具。用防爆活动扳手或者梅花扳手，将卡子上的锁紧螺栓的螺帽卸掉，将锁紧螺栓的螺杆从锁紧孔取下，在破损的管道口处用锯弓割开，切割面处理干净，将钢制接头用大锤用力匀速打进复合管道切口内，用上下卡瓦卡住管道和连接钢头卡槽处，对角上紧螺栓，上好密封垫圈，用管钳上紧活接头（图3）。完成维修后，打开上流阀门或开井试压，管线不渗不漏后（气管线用肥皂水验漏），恢复流程，正常启井和设备，二次检查管线维修效果。

在使用复合管道维修装置时要注意：

（1）调整紧固螺栓时，一定要对角、用力均匀；

（2）地下管线破损处两边挖掘距离不小于

2m，便于管线扶正；

（3）上下管线口修正时，上下口距离为复合管线维修装置长度减去50mm；

（4）管线连接后，一定要打压试验合格后（＞8MPa），方可投入生产；

（5）在管线回填之前，一定要做好管线防腐。

图3　复合管道维修图

5　应用实践效果

2019年5月，某43-15井管线发生刺漏，用该装置进行维修，仅用时40min。原来的方法组织人、联系车前后需要6h，还需要有车载电源车，多人配合，使用该装置大大缩短了维修时间。柔性复合管道维修装置已经推广应用到华北油田采油一厂（10套）、采油三厂（10套）、采油四厂（2套）和采油五厂（68套）、二连（5套）等生产单位。截至2021年12月底，柔性复合管道维修装置在采油五厂应用以来，共完成复合管维修47次，其中集油管线29次，输油线11次，气管线7次。通过缩短维修时间、减少维修人员、降低青赔费支出，产生了较好的经济效益，累计创效55.3万元。

柔性复合管道维修装置其良好的表现在于：

（1）不用机械设备人工即可完成管线维修，安全可靠；

（2）维修操作简单快捷，维修装置可单独使用，也可以组合使用，员工自行即可完成管线维修；

（3）施工时间大幅缩减，试压符合要求（试压≤12MPa），维修后的管线生产运行正常；

（4）适用范围广，复合油、气、水管线维修均可使用。

（作者：李秉军，华北油田第五采油厂　采油工，高级技师；李明，华北油田第五采油厂，采油工，高级技师；闻伟，华北油田第二采油厂，采油工，高级技师；周燕，华北油田第五采油厂，注水泵工，技师；王培华，华北油田第二采油厂，采油工，技师）

浅谈加油机胶管材质对汽油硫含量结果的影响与解决措施

◆ 周国雄

汽油硫含量国家标准为不大于 10mg/kg。石油产品中的硫化物，在使用及储存过程中会腐蚀金属；同时含硫燃料燃烧产生的二氧化硫和三氧化硫，遇水生成 H_2SO_3 和 H_2SO_4 会对机器零部件造成强烈的腐蚀。汽油中的硫还可能影响随车装配的先进车辆诊断系统，使其失效，容易使汽油机汽缸和燃油泵磨损。含硫化合物的存在，严重影响油料的储存安定性，加速成品油氧化变质，产生黏稠沉淀物。硫化物还会使石油炼制工艺中的重整装置和车辆尾气净化装置中的催化剂中毒而失去活性。汽油中的硫会使尾气转化器中毒失效，极大地降低转化效率，使 HC、CO、NO_x 等排放增加，近期研究表明硫对车辆排放也有影响。实验表明，汽油中的硫含量越低，催化剂对 NO_x 转化的效率越高。为获得并保持高的 NO_x 转化率，使用超低硫甚至无硫汽油是必要的。

2019 年 5 月 7 日上午 11 点 40 分，某加油站在国家油品质量监督检验过程中，检出 95 号车用汽油硫含量结果为 17mg/kg，判定为油品不合格。为了找出导致硫含量不合格的原因，分别对该油品所涉及的来源油库的储罐油（TG-05 号罐 95 号车用汽油）和被抽检加油枪的油品进行了硫含量检测。发现两个硫含量结果差异较大，储罐油硫含量合格，而被抽检加油站的硫含量不合格。再查该加油站样品留转情况，发现加油站是 2 月 1 日新开业，期间由于防雷检测未通过等问题于 2 月 24 日停业，施工整改后于 3 月 11 日重新开业。重新开业后遇监督抽检，抽检油品直接从加油枪放出来，未先排去胶管里的油品。初步怀疑硫含量超标与油品在胶管中长时间的存储有关。

1 加油站基本情况

该加油站共有 30m³ 油罐 3 个，分别销售 0 号车用柴油、92 号车用汽油和 95 号车用汽油三个品种。其中 95 号车用汽油罐使用编号 3 号罐，95 号车用汽油枪为 8 把，95 号车用汽油销量由于交通不便日均约 500L。抽检 95 号车用汽油样品来自加油站 19 号加油枪。表 1 列出了该加油站开业至抽检前一日 95 号车用汽油各枪销售情况。

表 1　加油站开业至抽检前一日 95 号车用汽油各枪销售情况

日期 枪号　销量	2.1—2.8		2.29—3.30		3.31—4.29		4.30—5.6	
95 号车用汽油	总升数	日均升数	总升数	日均升数	总升数	日均升数	总升数	日均升数
2 号枪	265.25	9.47	3.21	0.10	1101.09	36.70	318.4	45.49
5 号枪	447.08	15.97	142.39	4.59	1873.52	62.45	738.88	105.55
8 号枪	0	0.00	0	0.00	0	0.00	0	0.00
11 号枪	0	0.00	0	0.00	0	0.00	0	0.00
14 号枪	1883.75	67.28	2590.21	83.56	7353.18	245.11	1985.04	283.58
16 号枪	804.44	28.73	1896.92	61.19	3467.42	115.58	1337.86	191.12
17 号枪	539.3	19.26	494.94	15.97	3409.92	113.66	1439.01	205.57
19 号枪	62.77	2.24	163.57	5.28	1335.03	44.50	406.75	58.11
合计	4002.59	142.95	5291.24	170.69	18540.16	618.01	6225.94	889.42

从表 1 数据看出，该加油站销量小，95 号车用汽油 8 把枪使用频率不一致，特别是被抽检的 19 号加油枪，由于位置因素极少使用，且抽检前一天未进行销售，间断时间长达 37h。

2　实验部分

2.1　实验仪器及实验标准

（1）JF-TS 硫含量分析仪，符合 SH/T 0689—2000《轻质烃及发动机燃料和其他油品的总硫含量测定法（紫外荧光法）》。

（2）检验方法：SH/T 0689—2000《轻质烃及发动机燃料和其他油品的总硫含量测定法（紫外荧光法）》。

（3）95 号车用汽油，符合 GB 17930—2016《车用汽油》标准要求。

（4）多品牌市售加油机及油管。

2.2　汽油在胶管中温度对硫含量的影响

采用 3 根油管，分别盛装硫浓度为 1.84mg/kg 的同一油品，1 号试样在 23℃水浴中加热 2h；2 号试样在 40℃室外放置 2h；3 号试样在 60℃中水浴加热 2h。测得硫含量分别是 1 号试样 2.4mg/kg，2 号试样 7.6mg/kg，3 号试样 28.4mg/kg。

汽油在胶管内不同浸泡温度下硫含量变化如图 1 所示。

以上试验可证明汽油在胶管中保存时随温度升高硫含量升高。

2.3　汽油在胶管中存放时间对硫含量的影响

为验证汽油在胶管中存放时间长短对硫含量影响，将含硫浓度为 1.8mg/kg 的汽油样品放置在 23℃的恒温环境中 16h，随后检测硫浓度为 18.6mg/kg。同时取橡胶管碎片放置于盛有同一汽油的试剂瓶中，在室温 23℃条件下放置 45h，检测硫浓度为 42.3 mg/kg。以上测试可判定硫含量较低的汽油在胶管中保存时，随温度升高或保存时间增长硫含量会增加（图 2）。

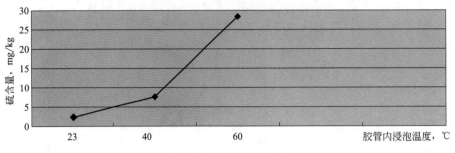

图 1   温度对硫含量的影响

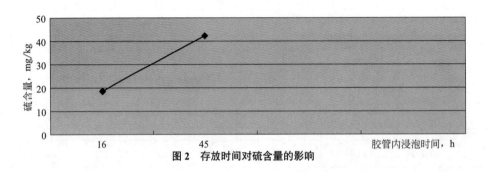

图 2   存放时间对硫含量的影响

2.4   不同胶管材料的影响

目前，国内仅有沈阳新飞宇公司与德国康迪泰克公司生产防止胶管材料污染油品的胶管。通过沟通化验室取得新飞宇公司提供的低渗透胶管，与普通加油胶管进行了实验对比，实验结果如下。

2.4.1   普通加油胶管测试数据

公司现使用的加油胶管均为未进行处理的普通胶管。分别对在用及新投用普通加油胶管对油品硫含量的影响进行实验，结果分别见表2、表3。

表 2   各品牌在用普通加油胶管对油品硫含量影响实验

胶管品牌	试验用油	正常油样硫含量 mg/kg	胶管内浸泡 0.5h 硫含量 mg/kg	胶管内浸泡 18h 硫含量 mg/kg
恒山	95号汽油	7.3	9.4	13.5
鸿邦	95号汽油	7.3	9.2	16.7
正兴	95号汽油	7.3	9.0	20.7
OPW	95号汽油	5.0	5.2	24.0

表2结果表明，普通胶管对油品硫含量影响随油品在油管中储存时间的增加而变大，储存0.5h后硫含量已接近国家标准超标范围。

表 3   新投用普通加油胶管对油品硫含量影响实验

胶管品牌	试验用油	正常油样硫含量 mg/kg	胶管内浸泡 0.5h 硫含量 mg/kg	胶管内浸泡 18h 硫含量 mg/kg
维德路特（新管）	95号汽油	4.2	10.2	88.0
夏润（新管）	95号汽油	7.3	13.4	56.4
新飞宇（新管）	95号汽油	3.4	12.3	158.0

表3结果表明，新投用普通加油胶管对油品硫含量增加也比较明显，新加油胶管投用之初，对油品质量存在较大威胁。长时间未加油的情况下，第一枪加出的第一箱汽油质量不合

格，对汽车油路系统存在严重威胁，必须予以改进。

2.4.2 低渗透加油管测试数据

对低渗透加油胶管进行了两次对比实验。

实验一：选取加油站安装低渗透加油胶管，观察正常加油站环境下油品在低渗透加油胶管内储存20d硫含量变化，结果见表4。

实验二：对密封在低渗透加油胶管内的油样每隔一段时间读取数据，观察油样在短时间内的硫含量变化，结果见图3。

表4 低渗透加油胶管存放时间对硫含量影响的试验数据

测试温度	胶管规格	试验用油	试验结果
环境温度	低渗透胶管	95号车用汽油	
加油站正常使用胶管油样硫含量，mg/kg			3.8
存放20d第一瓶油样硫含量，mg/kg			4.1
存放20d第二瓶油样硫含量，mg/kg			3.9

实验结果误差均在0.3mg/kg允许范围内，可判定低渗透胶管对油品硫含量基本无影响。

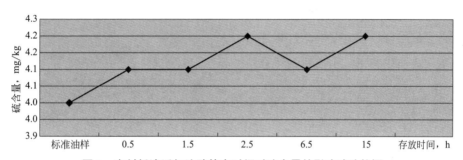

图3 密封低渗透加油胶管内时间对硫含量的影响试验数据

3 普通胶管与低渗透加油胶管材质对比

（1）目前市场上使用的加油胶管由内胶层、增强层及外胶层三层结构组成。

普通胶管析硫的原因：胶管为橡胶管，生产过程中，为提高耐磨性及柔韧性需添加硫。

（2）低渗透胶管在其最内层又增加了一层阻隔层（图4）。

低渗透（或零渗透）胶管材料选用进口环保型氟碳化合物，增加耐用强度，延长使用寿命，防止汽油在管内挥发。有效解决了加油胶管在使用过程中对油品的污染，阻止增塑剂、防老剂析出，油品不变质。

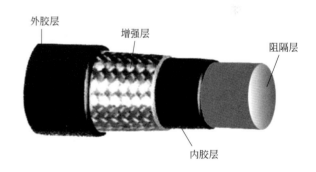

图4 低渗透胶管结构

4 结论

（1）加油胶管中的含硫化合物，由于溶解对汽油的硫含量有影响，长时间渗透会导致油品硫含量超标。

（2）加油胶管的硫含量渗透与温度、时间和材质有关，温度越高、时间越长，汽油的硫含量越高。

（3）采用低渗透加油胶管可以降低胶管中硫含量的渗透。

5 具体的解决方法和措施

（1）对于新开业加油站，更换管线、地罐、加油机；旧罐启用、停业超过 60d 的加油站（地罐）重新恢复营业等情况，在营业前必须反复循环排空管线及加油机内油品（800 ～ 1200L/ 枪），取样送就近油库进行入库必检项目的化验，合格后方可营业。对于汽柴油罐有油气回收气相管相连的加油站，必须使用盲板将汽柴油罐气相连通管线盲死，以免造成油气互窜，引发质量不合格事件。

（2）采样前停用超过 30min 的油枪采样，需排空管线油样，用对应油品冲洗并颠倒采样瓶 2 ～ 3 次，采样严格按 GB/T 4756—2015《石油液体手工取样法》要求，从油枪抽取油样（杜绝从油罐取样），每抽一个品号油品立即贴油品号标签，贴完标签后再抽取下一品号油品；除抽样部门带走的油品外，每个抽样品号油站自行留样 2 个，尽可能请抽样人员施封。

（3）对于新建或改造加油站建议尽可能配置低渗透油气回收胶管。

（作者：周国雄，福建销售储运分公司，油品分析工，高级技师）

多措并举防治高压开关设备凝露闪络放电

◆ 魏志鹏　李　桃　李文治

电力系统中各个变电站及配电所内的各类高压开关设备，通常采用金属封闭加空气绝缘的方式来确保高压带电体的绝缘和安全运行，若高压开关设备长期处于潮湿环境易发生凝露现象，同时当运维管理出现缺失时，一旦发生电力系统过压，高压开关设备就会发生闪络放电现象导致非常严重的后果。

1　高压开关设备闪络放电的危害分析

1.1　闪络放电直接危害

高压带电体闪络放电是指固体绝缘设备周围的气体或液体电介质被击穿时，沿固体绝缘设备表面放电的现象。其放电时的电压称为闪络电压。

闪络放电时会电离空气产生多种物质，如臭鸡蛋味的臭氧、一氧化氮等，这些物质与凝露产生的水珠结合形成腐蚀性很强的酸，严重时会在绝缘层表面形成导电的水膜层，将使高压开关设备丧失基本的绝缘性能，从而导致三相短路故障烧毁设备（图1），严重危及设备和电力系统的安全运行，给单位造成巨大的经济损失。

图 1　严重相间短路

1.2　闪络放电间接危害

由于闪络放电产生和发展是一个较为缓慢的过程，通过电离空气而产生的臭氧、一氧化氮等物质与凝露产生的水珠溶解结合形成强酸性液体，会对金属导体和绝缘有机材料的表面造成严重的电化学腐蚀（图2），高压开关设备内的各种金属构件防水抗腐蚀性能较差，在强酸液体的长期腐蚀作用下，各个转动部件卡涩，表面锈迹斑斑（图3）。

图2　导电金属被电化学腐蚀

图3　金属构件表面腐蚀锈迹

同时，闪络放电产生的气体会扩散到邻近的开关设备，破坏其绝缘性能和腐蚀金属构件，当电力系统出现过电压时就会使闪络放电现象扩散蔓延开，危及整个配电室开关设备。

对四川地区变配电所的不完全统计，发生凝露闪络放电现象的高压开关设备占比达42%，四川地区绝大多数的变配电所内都存在不同程度的凝露现象。

2　高压开关设备闪络放电的原因分析

高压开关设备的闪络放电现象通常发生在穿墙套管、电流互感器等的带电体与绝缘体之间狭小空气间隙处，同时伴有微弱放电声，不易被人察觉。凝露现象是指空气中水蒸气达到饱和度时，在温度相对较低的物体上凝结水滴析出的一种现象。空气相对湿度和环境温度是影响露点温度的重要因素。凝露现象、电力系统过电压、闪络放电和相间短路故障的因果图如图4所示。

与避雷针放电原理相反，高压带电体表面必须做成圆滑光滑，以均匀高压带电体场强，防止高压设备绝缘击穿导致放电现象的发生。

因凝露现象造成高压带电体表面生成水珠，水珠表面能较高能黏覆在其表面上，通过直流耐压试验验证，随着水珠数量的增加，闪络电压有下降的趋势，水珠体积越大，下降得越快。在水珠较少时，闪络电压下降得很慢；水珠变多时，闪络电压下降速度变快（图5）。这也论证了，水珠较少时，水珠对电场的畸变不严重，水珠较多时，电场畸变加剧，一部分放电可以直接从水珠之间开始。

凝露现象产生的水珠使高压电磁场局部发生严重畸变，从而严重降低了原有闪络电压，为闪络放电的发生创造有利的条件。严重的凝露现象是导致高压开关设备闪络电压下降以致发生闪络放电的重要因素之一。

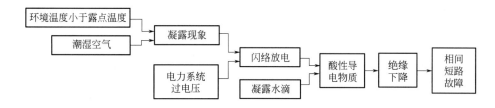

图4 凝露现象与相间短路故障的因果关系图

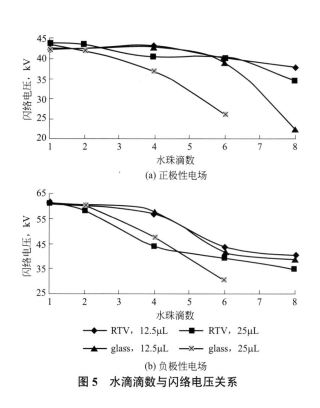

(a) 正极性电场

▲ RTV，12.5μL   ■ RTV，25μL
▲ glass，12.5μL   ✕ glass，25μL

(b) 负极性电场

图5 水滴滴数与闪络电压关系

3 高压开关设备防治凝露的解决方案

根据闪络放电的发生与闪络电压的下降以及凝露现象的发生有密切的关系，为防止相间短路故障发生就必须先防治凝露现象，降低空气的相对湿度和提高高压带电体的本体温度是抑制凝露现象发生的主要手段。

目前，生产厂家普遍采用通过温湿度控制装置对开关柜体内空气进行加热的措施，从而降低柜内空气的相对湿度以达到防凝露的目的。在使用初期具有一定的效果，但没有充分考虑川渝地区秋冬季节潮湿多雨的气候特点。根据长期积累的运行经验采取加强对高压开关设备内部和外部环境湿度控制、提高高压设备表面憎水性能以及强化巡视检查管理等措施，对由凝露现象引起闪络放电进行全面的防治。

3.1 对开关设备内部环境进行技术改进

采用防堵结合的办法，首先对高压开关设备配置的加热器进行全面换装，选用功率为100W的优质耐用加热器，替换原来30W的小功率加热器，然后对开关设备所有箱室的空洞进行加强密闭封堵，从而防止潮湿空气渗入箱室以提高加热器对箱室空气的加热效率，从而有效降低开关设备内部环境的相对湿度。将箱室内空气相对湿度控制在70%以内，即使在秋冬时节凝露现象也不会发生。

3.2 对开关设备外部环境进行技术改进

根据各类变电站（箱式变电站）及配电所的室内面积，选用不同功率的工业除湿机（图6），对除湿机设定相对湿度的参数，对环境相对湿度进行自动控制，将高压开关设备与潮湿空气隔离，进一步确保开关设备内部环境凝露现象不会发生。

3.3 提高高压开关设备表面憎水性能

对于已经因凝露而发生闪络放电现象的开关设备，经检测具有基本绝缘强度的情况下，在对其闪络放电表面进行抛光处理后，将用于室外高压设备的憎水喷涂工艺应用于该设备。

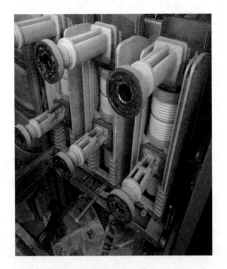

图 6　RTV 硅橡胶涂层

根据 DL/T 627—2018《绝缘子用常温固化硅橡胶防污防闪涂料》，采用憎水性涂料 RTV 硅橡胶涂层（图 7），该涂层具有很强的憎水性和电气绝缘性能，通过喷涂可大大提高金属和绝缘体表面的憎水性，从而提高开关设备绝缘体的表面闪络电压。当室内开关设备发生凝露现象时，水珠会在涂料表面形成球状水珠，在重力作用下坠落而不会停留附着在带电体表面而形成水膜，从而使开关设备保持较高的闪络电压。同时，该涂层常常用于户外环境，其寿命可长达 5 年以上，对于已建成变电站及配电所外绝缘不佳需做补救者特别有效，并且该涂层能反复使用。

3.4　强化防治凝露管理措施

由于凝露现象和闪络放电的产生和发展都需要一个过程和时间，通过针对性地编制建立井场站箱式变电站巡视检查项目，通过运维班组员工对高压设备进行重点定期巡查，检查高压开关设备温湿度控制装置，及时发现高压开关设备运行状态有无异常，将隐患消灭在萌芽状态。

图 7　除湿机

4　应用效果

西南油气田川西北气矿对下辖的变电站（箱式变电站）及配电所内开关设备采取了内外部环境湿度控制、提高高压设备表面憎水性能以及强化巡视检查管理等措施，经过实施近 3 年来的故障统计（表 1），因凝露现象而导致的高压闪络放电的故障次数大幅下降，杜绝了凝露现象引发的高压设备绝缘事故，节约生产及检维修成本近 30 余万元，大幅降低变电站（箱式变电站）及配电所停电检修时长，提高了石油化工厂、采气井场站的供电安全可靠性。

表 1　2019—2021 年电气故障统计表

故障类型 时间	雷击事故 次	人为干扰 次	设备凝露 事故，次
2019 年	5	5	4
2020 年	4	4	3
2021 年	6	3	1

5　总结

由于川渝地区气候高温湿润多雨，由闪络放电引发高压绝缘事故时常发生而且危害巨大，闪络放电现象的发生与闪络电压的下降与凝露现象的发生有密切的关系，为防治闪络放电就必须先防治凝露现象，通过强化密闭空间环境相对湿度控制、高压开关设备表面憎水性涂料的应用以及强化防治凝露管理措施，杜绝了本单位管辖高压开关设备凝露现象的发生，大幅降低检修时长，有效保障了高压开关设备运行的可靠性和安全性。

（作者：魏志鹏，西南油气田川西北气矿，变电站值班员，高级技师；李桃，西南油气田川西北气矿，电气管理，三级工程师；李文治，西南油气田川西北气矿，变电站值班员，高级技师）

厚板 X70 钢根焊冲击不稳定原因分析

◆ 董俊军　王以兵　孟　宁　鲁克莹

随着管线的压力和钢级的提高，管道配套容器类产品的厚度也在大幅上升，已达到 60mm 左右，为了提高生产效率和降低劳动强度，焊接方法宜选用埋弧焊。经过多次焊接试验发现，X70 厚板焊缝根焊处冲击值不稳定，甚至出现不合格的问题。为解决此问题保证产品质量，通过采取不同焊接方法组合，适当增大坡口角度，减少母材熔在焊缝中所占的比例等多种实验方法，提高 X70 中厚板焊缝中心在 -50℃ 的冲击值，达到设计要求并用于指导车间焊接生产。

1 焊接材料的选择

试件采用 X70 钢板是油气输送用管件钢板，实际晶粒度 8.5 级或更细，具有良好的抗氧化性、耐腐蚀性和组织稳定性。X70 钢板化学成分和力学性能分别见表 1 和表 2。

表 1　X70 钢化学成分（质量分数） %

元素	C	Si	Mn	P	S	N	Cr	Cu	Ni	Mo	Nb	V	Ti
实测值	0.008	0.26	1.57	0.007	0.023	0.051	0.12	0.05	0.35	0.23	0.021	0.002	0.001

表 2　X70 钢力学性能（实测值）

抗拉强度 MPa	屈服强度 MPa	伸长率，%	冲击吸收功（-50℃），J
617	541	28	156\143\136

采用埋弧焊，焊丝为 GWR-WENi5，直径 ϕ3.2mm，焊剂为 GXL-125。埋弧焊丝化学成分见表3，熔敷金属化学成分和力学性能分别见表4和表5。

表 3　GWR-WENi5 焊丝化学成分（质量分数） %

元素	C	Si	Mn	P	S	Cr	Mo	Ni	Cu
标准值	0.12（最大值）	0.5～0.30	1.20～1.60	0.020（最大值）	0.020（最大值）	0.020（最大值）	0.10～0.30	0.75～1.25	0.40（最大值）
实测值	0.075	0.06	1.33	0.009	0.008	0.02	0.23	1.16	0.01

表4　GWR-WENi5熔敷金属化学成分（质量分数）　　　　　　%

元素	C	Mn	Si	Cr	Ni	Mo	S	P
实测值	0.065	1.41	0.33	0.04	0.99	0.22	.004	0.012

表5　GWR-WENi5熔敷金属力学性能

项目	抗拉强度 MPa	屈服强度 MPa	伸长率 %	冲击吸收功，J
标准值	550～740	460（最小值）	17（最小值）	＞60
实测值	616	521	28	146、148、152

表6　组对要求及焊接方法

焊接方法	焊材直径，mm	组对间隙 mm	钝边厚度 mm
埋弧焊	3.2	0～0.5	2
氩弧+埋弧	2.4+3.2	3～4	0～1
手工+埋弧	3.2+3.2	3～4	0～1

2　焊接组对要求

（1）试验采用的坡口形式为X形，如图1所示，组对要求以及焊接方法如表6所示。坡口打磨要求：坡口附近应使用砂轮打磨直至露出金属光泽，20mm范围正反面应无油污、水、氧化物及其他有害杂质。

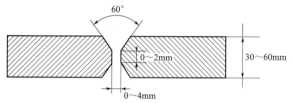

图1　坡口形式

（2）焊接参数：鉴于X70钢板表面取样部位冲击均合格，因此多次焊接试验所选填充盖面参数均为一致，根焊焊接参数取决于不同的焊接方法。具体焊接参数如表7所示。

（3）试板焊前预热：预热温度控制在100～150℃，测温点在板背面，层间温度控制在200℃以下，如长时间中断焊接或当层间温度低于预热温度时，应再加热到预热温度后施焊，有利于焊缝金属母材扩散氢的逸出，避免马氏体淬硬组织的出现，提高焊缝金属抗裂性，同时降低焊接应力，有效避免焊接裂纹的产生。

表7　试验焊接工艺参数

组别/焊层	焊接方法（正面+反面）	焊接材料	焊接电流 A	电弧电压 V	焊接速度 cm/min	中心最大线能量，kJ/cm
第一组试板参数						
根焊	SAW	GWR-WENi5+GXL-125	410	28	45	15.3
填充	SAW	GWR-WENi5+GXL-125	480	32	45	
盖面	SAW	GWR-WENi5+GXL-125	450	30	45	
第二组试板参数						
根焊	GTAW+GTAW	GTR-55Ni2	180+180	14	8	38.7
填充	SAW	GWR-WENi5+GXL-125	480	32	45	
盖面	SAW	GWR-WENi5+GXL-125	450	30	45	
第三组试板参数						
根焊	SMAW+SAW	J557RH+GWR-WENi5+GXL-125	100+480	22+32	11+45	12.2+20.48
填充	SAW	GWR-WENi5+GXL-125	480	32	45	
盖面	SAW	GWR-WENi5+GXL-125	450	30	45	

（4）试件组合形式：采用不同的组合焊接工艺和不同的清根方法，以获得最佳组合焊接工艺和金属焊缝的机械性能。

① 取A、B两组试板按相同参数焊接，两组试件根焊+填盖全部采用埋弧焊工艺；A件采用碳弧气刨进行背面清根，B件不清根直接进行焊接。

② 取一组试板采用双面氩弧＋埋弧焊焊接工艺，根焊完成后不做清根处理。

③ 取一组试板采用焊条打底＋埋弧焊填盖工艺进行焊接，背面使用砂轮机进行清根。

3 焊接试验结果及性能分析

3.1 无损检测

按照 NB/T 47013—2015《承压设备无损检测》的要求，对4组试板焊缝进行了X射线探伤，结果所有试板探伤片子质量等级均为一级，未发现任何焊接缺陷。

3.2 金相实验

通过金相组织的观察，4组采用不同焊接工艺的试件焊缝接头均未发现恶化的金属组织和焊接缺陷出现。实验结果如表8所示。

表8 焊缝宏观金相检验结果

焊接方法	背面清根方式	检验结果	图号	取样位置
埋弧焊（1）	气刨清根	未见明显宏观焊接缺陷	图2	焊缝横向
埋弧焊（2）	不清根	未见明显宏观焊接缺陷	图3	焊缝横向
双面氩弧焊	不清根	未见明显宏观焊接缺陷	图4	焊缝横向
焊条＋埋弧焊	砂轮清根	未见明显宏观焊接缺陷	图5	焊缝横向

通过表8和宏观图（图2～图5）可以看出，4种焊接方法熔合均没有发现缺陷，从熔合的情况上看明显图2的熔合情况更好，因此可以证明背面气刨清根后熔合最好。

图2 埋弧焊（1）缝宏观图

图3 埋弧焊（2）缝宏观图

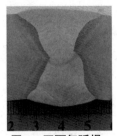
图4 双面氩弧焊宏观图

图5 焊条＋埋弧焊宏观图

3.3 冲击试验

为测得X70钢在-50℃温度中冲击吸收能量，为上述4组试件进行了冲击吸收能量—温度曲线的采样，得出X70钢在全埋弧焊焊缝及双面氩弧焊焊缝处和手工焊条＋埋弧焊的冲击吸收功，通过断口形貌分析，比较了材料的脆性断裂特征，为所用材料及其焊接方式的选择提供一定参考依据，冲击结果见表9。

表9 冲击结果

焊接方法	取样部位	冲击功，J	实验温度℃	合格指标
埋弧焊（1）	焊缝中心	116、131、125	-50	≥60J 且单个值不小于40J
埋弧焊（2）		66、55、46		
双面氩弧焊		39、56、64		
焊条＋埋弧焊		105、53、40		

根据表9显示，埋弧焊（1）的平均冲击功焊缝区为124J，冲击吸收功远远大于标准要求的60J，这说明了焊接接头具有优良低温冲击韧性。其他3种方法的平均冲击功分别为55.6J、53J、66J，按照合格指标要求，3种焊接方法冲击功均不合格。

3.4 硬度实验

上述4组试件焊缝通过硬度测点的测试，硬度值均为合格，实验结果见表10。

表 10　维氏硬度 (HV10) 试验结果

取样位置		测点 / 硬度值								
焊缝硬度测点位置图	埋弧（1）	1	2	3	4	5	6	7	8	9
	硬度值	210	205	205	185	189	191	212	210	206
	埋弧（2）	1	2	3	4	5	6	7	8	9
	硬度值	215	213	220	184	188	182	198	199	202
	双面氩弧	1	2	3	4	5	6	7	8	9
	硬度值	212	210	216	188	191	189	224	220	221
	手工＋埋弧	1	2	3	4	5	6	7	8	9
	硬度值	212	201	210	246	255	188	207	191	190
X70-PSL2 实验	硬度值	≤ 285HV10								
检验结论	—	合格								

3.5　验证复检

为验证根焊＋填盖全部采用埋弧焊工艺焊接方法的稳定性，按照同样参数、清根方法再焊接 2 块试板取焊缝中心做冲击试验，结果为合格，见表 11。

表 11　验证复检结果

焊接方法	取样部位	冲击功 J	平均值 J	实验温度 ℃
SAW	焊缝中心	111、100、119	110	−50
		122、128、101	117	

4　结论

焊接线能量对焊缝中心冲击值影响很大，由表 7 可以看出双面氩弧焊的线能量比埋弧焊要大很多，焊接线能量应该在合理区间，过大会产生过热组织使其脆化，导致焊缝的冲击韧性降低。

控制熔合比对提高焊缝冲击值也有重要影响。从第 2 种和第 4 种焊接方法可以看出，背面不清根和只打磨的清根方法并没有改变坡口大小，也就是说这两种焊接方式的融合比大小基本相当，所以平均冲击值很接近。

而第 1 种焊接方法埋弧焊背面清根增大了焊缝中心的宽度，相当于增大了坡口，减小了熔合比，填充金属被稀释很少，所以提高了焊缝金属的力学性能。

由第 2 种埋弧焊焊接方法推测，不排除埋弧焊不清根工艺形成区域偏析。由于埋弧焊焊接有钝边，为了熔透钝边保证探伤所选焊接参数会导致焊缝成型系数小，焊缝窄而深，各柱状晶粒交界在中心，使得窄焊缝的中心聚集很多杂质导致冲击韧性下降。通过焊接方法比对发现埋弧焊背面清根工艺虽然是目前相对落后的工艺（声、光、尘污染大），但是针对 X70 微合金化控轧钢还是最适合的。

（作者：董俊军，中油管道机械制造有限责任公司，电焊工，高级技师；王以兵，管道局工程有限公司第三分公司，电焊工，高级技师；孟宁，中油管道机械制造有限责任公司，焊接工艺，工程师；鲁克莹，中油管道机械制造有限责任公司，焊接工艺，高级工程师）

膨胀机转速控制系统优化改进

◆ 马喜林　姜　平　鲁大勇　林树国　王　健

大庆油田油气加工深冷生产装置设有两套制冷系统，一套是 EC2-576 型膨胀机，利用气体自身压力，在膨胀机内进行绝热膨胀对外做功，用来消耗气体本身的内能，使气体的压力和温度大幅度降低，达到工艺所要求的制冷温度，无能源消耗。另一套是丙烷机，靠消耗电能来运行。当膨胀机满负荷运行时，绝大部分气量通过膨胀机制冷即可满足工艺需求，丙烷机可以在小负荷或空载状态下辅助运行，相对消耗电能较少。

1　问题的提出及原因分析

膨胀机转速监测采用磁电转速传感器，转速报警值 45000r/min，联锁停机值 50100r/min。现膨胀机在 26500r/min 下运行，达不到工艺要求的制冷温度 $-87 \sim -93℃$，丙烷机必须辅助制冷。膨胀机转速一旦超过 28500r/min，转速监测数值瞬间达到报警联锁停机值，导致联锁停机，生产装置产制冷只能由丙烷机满负荷运行来达到工艺要求的制冷温度，造成巨大的电能消耗，同时增加设备维修人员的劳动强度。

EC2-576 型膨胀机当转子高速旋转时，传感器线圈通过转轴凹槽使磁力线发生变化，在传感器线圈中产生周期性的电压，其幅度与转速有关，电压输出频率与转速成正比。磁电转速传感器的转速达到一定额度时，磁路损耗增大，输出电势已趋饱和。当被测物体的转速超过磁电转速传感器的测量范围时，磁路损耗加剧，使输出电势饱和甚至锐减；另外，磁电转速传感器安装调试没有准确的监测点，只能凭借安装经验反复调整，容易造成调试间隙偏差过大，这两个因素均会造成转速检测信号失真，导致检测回路频繁发出联锁停机信号。

该膨胀机四点轴振动状态监测采用本特利 3500 系列旋转机械状态监测保护系统[1]，采用电涡流传感器，对膨胀机轴振动进行监测，将监测信息传输到 System1 机械状态监测与故障诊断软件平台对运行状况进行分析。磁电转速传感器无法为本特利 System1 故障诊断软件提供键相测量参数，导致故障诊断软件无法对机组运行状态进行分析。

2 解决问题的思路与措施

2.1 解决思路

EC2-576型膨胀机转轴上带有键相凹槽（图1），磁电转速传感器安装于机械壳体上，传感器拥有两根导线传输信号，传感器长120mm，直径15mm，安装螺纹M16×1。EC2-576型膨胀机对着转轴键相凹槽还预留了另外一个安装孔，安装螺纹½×20牙的美制外螺纹。

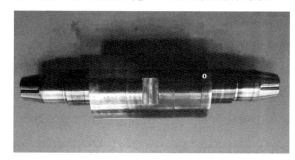

图1 EC2-576型膨胀机转轴键相凹槽

在预留键相安装孔的基础上，增加本特利状态键相监测信号，采用电涡流传感器对膨胀机转速在线实时监测，避免因转速过快导致联锁停机事故发生。电涡流传感器能准确测量被测体与探头端面之间静态和动态的相对位移变化，其特点是长期工作可靠性好、灵敏度高、抗干扰能力强、非接触测量、响应速度快、不受油水等介质的影响，可实现轴转速长期实时监测，同时为System1机械状态监测与故障诊断软件平台提供所有数据采集的参考和时基。

2.2 解决措施

2.2.1 键相监测电涡流传感器安装支架的研制

研制一个能方便拆装调试、密封性好的电涡流传感器安装支架，使监测探头在拆装或调试环节中方便、快捷，并将损坏探头的可能性降低为零。该探头安装支架由探头保护套管、锁紧螺帽及密封圈三部分组成（图2）。

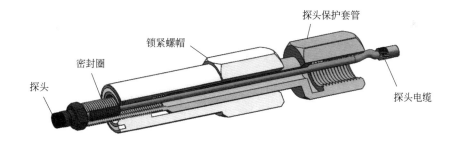

图2 电涡流传感器安装支架

2.2.2 状态监测系统增加3500/50转速模块

3500/50转速模块是一个双通道模块[2]，它接收来自电涡流传感器的脉冲输入信号。3500/50转速模块还可被组态为框架中的监测器模块提供键相信号。键相信号是通过在被测轴上设置一个凹槽的标记，当这个标记转到监测探头位置时，相当于探头与被测面间距突变，传感器就会产生一个脉冲信号，轴每转一周就会产生一个脉冲信号，产生的时刻表明了轴在每转周期中的位置。键相信号是一个数字同步信号，配合轴振动探头获取转轴的实时轴心位置，为机组各项数据提供参考，是速度、相位角、频率测量等所有数据采集的参考和时基，是机组状态分析必不可少的一项重要参数。通过3500监测系统组态软件，对3500/50键相转速模块进行组态。

3500/50 转速 I/O 模块接受来自传感器的信号（图 3），模块通道端子处的 PWR、COM/- 和 SIG/+ 的接线端子，与现场前置器相连，模块的 OK 指示灯点亮，说明回路工作正常，经调理后把信号送到转速表模块中。I/O 还为传感器供电，模块的 COM 端和 REC 输出端为传感器提供 4 ～ 20mA 电流信号输出，用万用表可测量到 4 ～ 20mA。3500/50 转速模块必须安装在框架 2 ～ 15 插槽位置，I/O 模块安装在监测器背后。

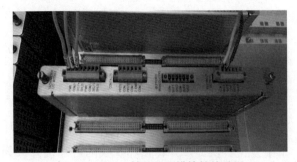

图 3　3500/50 转速 I/O 模块接线端子

2.2.3　键相模块 3500/50 转速模块的组态

3500/50 转速模块必须具备有效的组态才能正常工作，组态时用 3500 监测系统组态软件来设置相关参数，并将组态下载到模块中。电源模块位于 0 号插槽，框架接口模块 3500/20 位于 1 号插槽，3500/50 转速模块可以安装在 2 ～ 15 插槽的任何位置。

打开装有 3500 框架组态软件的电脑，通过专用数据线将电脑与 3500/20 框架接口模块连接进行组态。3500/50 模块共有 2 个监测通道，只对其中 1 个通道进行组态设置。

利用 "Customize" 进入自定义选项，设置量程下限、上限在 0 ～ 60000r/min 之间，传感器间隙电压选择 -7.874V/mm，输出 4 ～ 20 mA 直流标准信号。完成以上设置后，返回组态画面，点击下载按钮，在弹出的对话框中，选择 3500/50 转速模块，点击下载确认即可。

2.2.4　状态监测系统与 PLC 通信

由于膨胀机原设计采用 PLC 控制系统，接收转速变送器输出的 4 ～ 20mA 模拟信号，将转速变送器输出至 PLC 输入模块的 4 ～ 20mA 信号切除，将 3500/50 键相模块 COM 端和 REC 输出端输出的 4 ～ 20mA 模拟信号接入 PLC 输入模块，由 PLC 控制系统再将 4 ～ 20mA 模拟信号转换转速数值进行显示、报警及联锁控制。这样组态的好处是不用 3500 监测系统和 PLC 控制系统再对转速监测报警联锁控制回路重新组态或构建通信协议，节约外协技术支持产生的经济费用。

2.3　模拟比对

在生产装置正常运行时，首先采取原有磁电转速传感器监测回路，在 PLC 控制系统中正常运行。另外，采取装有 3500 组态软件的笔记本电脑与 3500/22M 框架接口模块通信，采集 3500/50 键相模块监测信号显示转速，与 PLC 控制系统正常运行显示进行比对，两种转速监测方式误差在 ±0.06%，可以忽略不计。

3　应用情况

3.1　现场安装

安装膨胀机键相监测电涡流传感器时，首先将电涡流传感器安装在探头保护套管内部并固定牢固，然后将特殊结构的锁紧螺帽套安装在探头保护套管上，旋进螺纹的 1/2 处，并在锁紧螺帽下端凹槽内嵌入聚四氟乙烯密封圈。通过探头保护套管下端的外螺纹与膨胀机壳体安装孔的内螺纹相啮合，即可将键相监测电涡流传感器安装在膨胀机上，调整好电涡流传感器间隙后，利用锁紧螺帽与膨胀机壳体的作用力将探头保护套管固定牢固，探头保护套管上端与防爆挠性管连接。因该机组键相标记是凹槽，因此，安装调试传感器顶部应对着轴的完整部分,而不是对着凹槽来调整间隙。

3.2 应用效果

膨胀机转速控制系统优化改进后,EC2-576型膨胀机可在 0 ~ 40000r/min 转速范围内正常运行,完全满足生产装置工艺所要求的制冷温度,丙烷机实现小负荷或空载辅助运行。膨胀机长周期平稳运行,确保生产装置产收率100%,达到节能降耗的目的。同时为 System1 机械状态监测与故障诊断软件平台,提供所有数据采集的参考和时基。键相信号主要是用来分析转轴偏心和振动的相位,System1 机械状态监测与故障诊断软件平台与键相测量密不可分,频谱、幅频等特性分析时,键相信号是必不可少的重要参数。

该项成果可在多套油气加工深冷装置 EC2-576 型膨胀机转速监测、System1 机械状态监测与故障诊断软件平台运行中应用。一旦发现问题,可立即停机维修,避免机组烧瓦损轴事故的发生,节约大量的维修费用。

经生产单位核算,改进后每月节约用电量100000度,按工业用电 0.63 元 / 度,每年生产装置运行 10 个月计算,创经济效益:

100000 度 ×0.63 元 / 度 ×10 月 = 63(万元）

4 结论

膨胀机转速控制系统优化改进投入费用少,安装调试方便灵活,安全可靠,实用性强,降低事故发生率,可有效避免膨胀机转速监测控制系统技术问题导致的联锁停机。装置运行时工艺操作尽量使气量走膨胀机这条制冷系统,提高膨胀机转速,降低丙烷机负荷,起到节能降耗的效果。同时,为管理和技术人员对机组振动数据进行分析、判断机械故障提供了准确有效的技术数据,为维修计划的决策提供重要测量参数,便于决策和维修。另外,为新建天然气净化装置投运增产,在制冷系统拉低负温奠定基础,应用前景非常广阔。

(作者:马喜林,大庆油田天然气分公司,仪表维修工,集团公司技能专家;姜平,大庆油田第一采油厂,维修电工,集团公司技能专家;鲁大勇,西南油气田川西北气矿,仪表维修工,集团公司技能专家;林树国,哈尔滨石化仪电车间,维修电工,集团公司技能专家;王健,大庆炼化电仪运行中心,维修电工,集团公司技能专家)

柱塞式注水泵液力端的改进与应用

◆ 杨 君

油田注水设备中柱塞式注水泵主要用于地层注水以保持地层压力，对提高采收率具有重要意义。柱塞式注水泵日常运行中，因注水水质含盐高、矿化度大、机械杂质多、具有腐蚀性，注水压力 10 ～ 20MPa，导致液力端维修频繁，维修成本高，制约采收率。因此，本文主要分析柱塞式注水泵液力端的故障原因，改进注水泵液力端，延长液力端使用周期。

注水泵液力端主要由泵头、柱塞、密封函体、密封填料、压帽、进排液多孔阀体、进排液阀板、进排液弹簧等零部件组成，如图 1 所示。

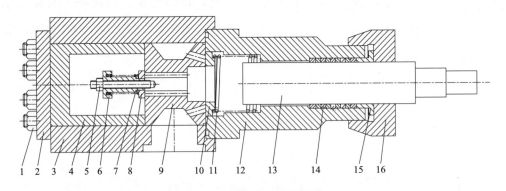

图1　注水泵液力端结构图

1—压板螺栓；2—压板；3—泵头；4—固定套；5—排液阀板螺栓；6—压套；7—排液阀板弹簧；
8—排液阀板；9—进排液多孔阀体；10—进液阀板；11—进液阀板弹簧；12—密封函体；
13—柱塞；14—密封填料；15—隔套；16—压帽

1 注水泵液力端常见问题

注水泵液力端常见问题主要有密封填料失效、进排液多孔阀体表面腐蚀、进排液阀板密封平面刺漏、进排液弹簧断裂，均会造成注水泵压力下降，泵效急剧降低，最终导致注水泵液力端频繁维修。

导致注水泵液力端问题的主要原因是注水水质矿化度高、腐蚀性强，水中含有硬质颗粒，在注水泵液力端进排液工作过程中，由于高速高压液流冲击，造成进排液多孔阀体、阀板密封平面出现不规则、不同程度的凹槽、凹坑、局部缺失等现象，密封填料磨损加速刺漏，出现注水压力、泵效同时降低及液力端刺水等故障。

2 注水泵液力端改进

要解决注水泵液力端进排液多孔阀体及密封阀板刺漏磨损的问题，应降低液体通过进液多孔阀体的流速，优化阀体与阀板平面密封方式。可以通过增大多孔阀体进排水孔孔径降低流速，阀板与多孔阀体密封由平面密封改进为锥面密封。图2和图3分别是改进前后的多孔阀体及阀板结构图，将平面阀板改进为锥形阀，即平面密封优化成锥面密封。

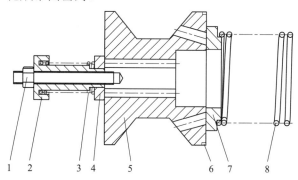

图 2　改进前多孔阀体及阀板结构图

1—螺栓；2—固定套；3—排液弹簧；4—排液阀板；5—进排液多孔阀体；6—密封套；7—进液阀板；8—进液弹簧

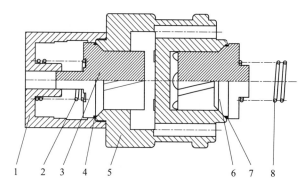

图 3　改进后多孔阀体及螺旋锥形阀结构图

1—阀罩；2—排液弹簧；3—排液锥形阀；4—排液密封套；5—进排液多孔阀体；6—进液锥形阀；7—进液密封套；8—进液弹簧

3 进排液阀流速计算

在计算多孔阀体流速时，由于进排液孔行程很小，流道摩阻、水头损失、加速度影响可以忽略不计，可以理想状态来进行计算。

根据流体力学公式：

$$Q = v \cdot A$$
$$v = Q / (A \cdot 3600)$$

式中，v 代表流速（m/s），Q 代表流量（m³/h），A 代表管道横截面积（m²）。

已知柱塞泵流量 Q 为 28m³/h，多孔阀体进液孔径 $12 \times \phi 12$mm，排液孔径 $6 \times \phi 10$mm。则多孔阀体进排液流速为：

$$v_{进0} = 28 \div (1.356 \times 10^{-3}) \div 3600 = 5.73\text{m/s}$$
$$v_{排0} = 28 \div (0.471 \times 10^{-3}) \div 3600 = 16.5\text{m/s}$$

因为原多孔阀体进排液孔与阀板密封面接触，所以进排液孔流速等于阀板密封面瞬时最大流速。优化多孔阀体进液孔为 $6 \times \phi 20$mm、排液锥面最小截面直径为 $\phi 46$mm 后，多孔阀体进排液密封面流速为：

$$v_{进1} = 28 \div (1.884 \times 10^{-3}) \div 3600 = 4.13\text{m/s}$$
$$v_{排1} = 28 \div (1.661 \times 10^{-3}) \div 3600 = 4.68\text{m/s}$$

对比原装多孔阀体进液流速下降27.9%，排液流速下降 71.6%；并且锥面密封方式有利于固相颗粒随液流动，因而注水泵液力端阀组易损件寿命延长。

4 技术特点

（1）注水泵液力端改进后，不必更换泵体及附件，只需更换阀组件和阀压套，注水泵的注水压力及流量参数保持不变；进排液锥形阀、进排液弹簧、阀罩兼具通用性。

（2）锥形阀密封采用聚氨酯材料，具有良好的耐腐蚀、耐磨、韧性和抗老化性，同时具备一定的可塑性，吸收并释放高压液体及固体颗粒物对进排液阀组件的冲击能量，最大程度减小阀芯与阀座作用于密封面上的冲击力，保证进排液阀组件的强度，提高组合阀体使用寿命。

（3）设计螺旋导向锥形阀替代原装尼龙材质阀板，装入阀体里面，与阀体组合成为一体。锥形阀芯利用螺旋导向原理，因受到液体压力作用，每次打开闭合过程中，阀芯与阀体密封环面的位置都会发生相对位移，能够防止局部损伤部位的持续性再次磨损。

（4）液力端改进后结构更为合理，进排液孔之间的壁厚增加。原装进排液多孔阀体外环孔为进液孔，内孔为排液孔，受孔径影响，进液孔和排液孔的壁厚最薄处仅 4mm；孔与孔之间通过平板阀体密封，密封面积大；而且孔与孔之间密封行程小，当注水水质含硬物颗粒物时，极易产生刺漏。改进后的多孔阀体，通过性强不易卡阀。

5 应用效果与结论

（1）通过改变注水泵液力端进排液阀孔的大小及位置，将阀板平面密封改为阀芯锥面密封，密封性能提升。

（2）改进后的注水泵液力端组合阀使用寿命大幅提高，节约液力端维修费用，产生可观的经济效益。

（3）解决了液力端维修频繁的技术难题，极大地提高了劳动效率，具备油田注水行业推广使用价值。

2020 年 4 至 6 月应用于生产现场，3 个月同比改造前，液力端维修频次从 38 次下降到 13 次，维修费用节约 6.2511 万元，平均单台注水泵液力端维修费用节约 2.0837 万 / 季度（8.3348 万 / 年）。注水现场推广应用 12 套，累计创造经济效益 100 余万元。

（作者：杨君，长庆油田，采油工，高级技师）

井喷抢险可视化切割辅助装置研究

◆ 刘贵义　曾国玺　李红兵

在石油天然气勘探开发过程中，油气井井喷失控是一种会造成巨大损失的灾难性事故。油气井井喷失控着火后，由于井内油气压力高、产量大、火势猛，井架、钻机、钻具、井口装置、柴油机、钻井泵、固控设备等被烧坏。井口周围的设备、仪器、物资器材被大火烧毁变形，堆积于井场，井口装置失去了对地层油气的控制能力。要有效控制井喷失控着火，必须进行清障切割，清除井口周边的井架、钻机等设备，拆除烧坏的旧井口装置，重新装上新井口装置，使井口得到重新控制。现场由于火场高温、淋水、烟雾、野外地形等复杂环境，导致现场清障、切割等作业的可视条件恶劣，抢险操作员及现场指挥员无法有效通过观看判断现场火情，进行有效操作和火情判断与指挥。因此，亟须研制一种能工作于上述复杂环境中的可视化切割辅助装置，提供较为清晰的图形影像与井口几何测量信息，便于辅助进行安全高效的切割作业。

1 可视化切割辅助装置工作原理

可视化切割辅助装置总体由图像监测系统、间隙测量系统和图像处理系统三部分构成。

图像监测系统主要用于获取井口图像，并传输给图像处理系统，工作原理是利用高压离心风机提供清洁观测通道，以风力吹散灭火现场的浓烟、水炮的淋水及火焰干扰，给图像视频设备提供清洁的观测通道，使设备适应灭火现场的实战环境工作。图像识别测量喷砂切割头与井口之间的角度，图像识别粗测切割装置与井口之间的距离。

间隙测量系统主要作用是精确测量切割装置与井口之间的距离，工作原理是首先利用图像监测系统调整切割装置位置并获取粗测间隙值，然后利用激光测距模块获取精确距离，通过无线传输将信息传给后端的图像处理系统。

图像处理系统主要作用是收集前端装置的图像和距离信号，处理后显示结果。工作原理是视觉软件对获取的实时图像进行处理，提取关键设施特征（切割装置和井口），利用特征识别技术，获取相关尺寸和角度信息，在终端上显示出来帮助人员进行切割作业。

2 设计方案

2.1 图像监测系统设计

设计方案如图1所示，采用4组高压离心风机组成整个系统的图像采集部分，在4组风机的中心处形成最强的风场，并在其位置安装摄像头，利用清洁观测通道的同时，避免强风带来的相机抖动，并给相机进行降温。为防止水炮淋水过大，风机出口处增加防雨罩。传输图像利用无线传输的方式，图传延时控制在0.5s以内。工业相机可手动和自动变焦，由控制人员远程操作。同时在风机下方安装转向机构（图2），可进行俯仰和旋转，进行不同角度的观察，整个系统可连接在可移动底座或直接固定在吊车的桅杆上，调整图像监测系统在井场中的位置。

2.2 间隙测量系统

间隙测量系统设计方案如图3所示，间隙测量系统主要包括激光测距仪和无线传输模块，在切割装置的两个切割头上各配置一套。系统固定在切割

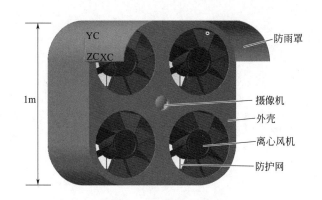

图1 图像监测系统图像采集部分示意图

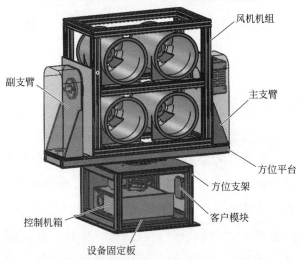

图2 转向机构示意图

头后端的油管上，可随切割装置随时移动，随时测量切割头与井口装置之间的距离。测得二者精确距离后，通过无线传输模块发送给图像处理系统终端。

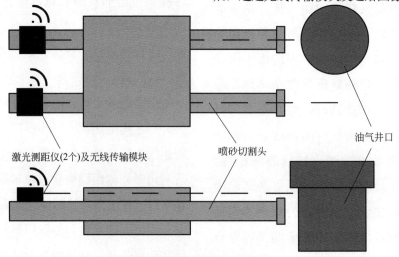

图3 间隙测量系统示意图

2.3 图像处理系统

图像处理系统主要包括数据传输模块、远程处理终端和图像处理软件。

数据传输模块包括3个移动站和1个固定监控站。其中3个移动台分别是1个宽带图像传输发射台,2个窄带数传设备。3个移动台放置在3个不同的地点,分别连接防爆网络摄像头、激光测距仪1、激光测距仪2。移动台将网络摄像头的视频信号、激光测距仪的串口数据发送到固定监控站。固定监控站能够同时和3个移动台通信,接收网络摄像头的视频信息,并通过网口输出给计算机且在计算机上显示。网络摄像头的串口和宽带网络传输设备移动台连接,工作的时候计算机发出的控制信号从监控站传输到移动台,可用来控制网络摄像头的工作状态。

远程处理终端采用加固三防笔记本,增强野外适用性和便携性,直接编写软件处理传输回来的数据。

图像处理软件选用通用图像处理平台并进行二次开发,实时识别井口位置和切割头位置,并计算距离和角度等相关参数。

3 关键技术的解决

3.1 防爆

由于装置工作的油气井井喷现场需考虑防爆设计,因此关键部件选型时选用符合国家防爆标准的产品,例如风机、相机、测距传感器、数传模块等。同时根据要求做好接地,利用防爆管、防爆箱等固定和连接各个关键部件。风机侧供电采用380V交流电,并通过变压实现其他电压电源的供给,激光测距传感器供电直接选用防爆蓄电池。

3.2 数据处理

图像处理采用HALCON商用视觉软件平台,处理油气井井口与切割头的相对位置信息,并利用Labview或C#编写上位机软件,实时呈现检测图像和测量数据。

4 实验结果分析

根据上述可视化切割辅助装置的设计方案,研制了装置样机。在训练场进行了多次模拟实验,结果如下所示。

(1)无线信号传输距离见表1。

表1 无线信号传输距离

传输距离,m	是否有信号	图像清晰度
20	有	清晰
40	有	清晰
60	有	清晰
80	有	清晰
100	有	清晰
120	有	清晰

(2)装置防水效果。在实验过程中,水炮近距离喷射30min,线路没有出现漏电、短路现象,系统正常工作,装置防水效果良好。

(3)测距性能测试见表2。

表2 测距性能测试

测量次数	装置测量距离,m	实测距离 m	误差 %
1	3.42	3.46	1.16
2	3.67	3.71	1.08
3	10.53	10.45	0.77
4	10.87	10.77	0.93

测试发现,激光测距仪准确度高,可准确测量切割头到待切割物间的距离,当烟雾特别浓时,白色对激光反射率很高,会出现短暂测量不

准确情况,当风机将烟雾吹开间隙后,激光测距仪重新恢复正常精度。

(4) 驱烟效果测试见图4。图像监测系统主要通过风机来进行物理驱散水烟,装置可有效吹散烟雾,采集清晰的井口图像。

此次实验验证了可视化切割辅助装置的可靠性、防水性、精确性,无线通信传输距离不小于120m,系统防水效果良好,切割喷砂头与待切割物之间距离测量准确,图像采集效果良好,能够提供较为清晰的井口图像。

图4 驱烟前后效果对比

5 结束语

本文设计研制了一种用于油气井井喷失控后抢险的可视化切割辅助装置,该装置能够在井场复杂环境下获得井口较为清晰的图像,同时测量切割装置到待切割物体间的距离。利用该装置开展了现场模拟实验,结果表明,该装置系统防水性能可靠,井口图像采集效果良好,切割距离测量准确,能够替代作业人员观察,为切割作业环节提供辅助,降低抢险人员风险,提升切割作业效率。

参考文献

[1] 杨令瑞,王留洋,李艳丰,等.井喷现场含雾图像复原技术研究 [J].钻采工艺,2014,37 (2):26-28.

[2] 林颖锐,刘思议,蔡峰腾,等.一种可视化电缆井检测装置的研制 [J].山东工业技术,2019,19:147.

[3] 蔡霆力.基于消光原理的火灾烟雾浓度测量系统研制 [D].合肥:中国科学技术大学,2009:1-8.

[4] 邱健.基于火灾烟雾的光学在线检测系统设计 [D].哈尔滨:哈尔滨工程大学,2011:1-10.

(作者:刘贵义,川庆钻探井控应急救援响应中心,石油钻井工,高级技师;曾国玺,川庆钻探井控应急救援响应中心,石油钻井工,技师;李红兵,川庆钻探井控应急救援响应中心,石油钻井工,高级技师)

工业射线用胶片电动裁片机的研制与应用

◆ 徐承尧　杨　鹏　黄河婧　卢建昌　张云峰

1　背景

在炼油、化工装置射线检测作业中需要根据焊缝规格对射线胶片进行裁切，因物美价廉和没有可替换的同种功能产品，工业 X 射线胶片的裁切一直以手动裁片刀为主。但是在实际工作中因使用手动裁片刀经常会对射线底片质量产生不良影响，甚至导致废片，主要表现在：

（1）刀钝（无法修磨），裁片刀刀口因经常使用会产生钝边，从而影响底片质量；

（2）滑刀，裁片过程中，每次下刀到后半程时一不小心主动刀后端与被动刀之间就会产生间隙，造成滑刀现象，致使胶片划伤而使胶片不能使用；

（3）指纹，在裁剪胶片时胶片往往会产生位移，为防止胶片产生位移，手指用力压紧胶片，会在胶片上留下指纹或指甲印，致使拍回的底片重拍；

（4）折痕，在拿起和调整胶片时，由于暗室人员操作不当，会在胶片受力处产生折痕，致使拍坏的底片重拍；

（5）费时费力、工效低下。

为解决以上生产难题，提高工作效率、降低劳动强度、保证射线底片质量，急需设计一款适用于石油化工装置射线检测胶片裁切的电动裁片机。

2　工业射线用胶片电动裁片机的研制

2.1　胶片规格及技术指标

常用的工业射线检测用胶片规格为 430mm×355mm，使用手动裁片刀裁切需要按照所使用的规格进行分类裁切。本文研究的电动裁片机拟通过转速可调的电动机带动传动齿轮转动产生传动力带动整张胶片进入预先安装的刀头位置，将胶片分割剪裁。石油化工装置射线剪裁用胶片一般分为 8 种规格，如表 1 所示。

表 1　石油化工装置射线检测用胶片规格

序号	规格，mm×mm	序号	规格，mm×mm
1	180×80	5	180×100
2	240×80	6	240×100
3	300×80	7	300×100
4	360×80	8	360×100

电动裁刀片主要技术指标：

（1）电动裁片刀的刀距应能方便调节，并根据工作需要裁剪出不同规格的胶片。

（2）电动裁片刀在运转过程中不应对胶片产生划伤、毛边、压痕等伪缺陷，

（3）电动裁片刀设计应符合人体工程学，操作便捷、运转平稳、维护简单、制作成本低等。

2.2　电动裁片机设计思路

根据所需裁剪的胶片规格，通过研究设计三组传动机构，每组传动机构上安装裁切刀头，以实现按照所需规格进行电动裁片。第一组刀具设置在设备顶端，为可调刀具，有一对刀头和一对胶片行走辅助轮。该组刀具可裁剪 430mm×300mm、430mm×180mm、430mm×240mm 等规格的底片。第二组刀具处在中间部位，有 4 对刀头，可裁剪 300mm×100mm、180mm×100mm、240mm×100mm 等规格底片。第三组刀具处在最底端，有 5 对刀头，可裁剪 300mm×80mm、180mm×80mm、240mm×80mm 等规格的底片。每一组刀具都有相对应的胶片行走托盘。设计图纸如图 1 所示。

2.3　电动裁片机工作原理

通过转速可调的电动机带动齿轮传动，通过定向齿轮、导向齿轮的作用，使三组辊子中每组的两根辊子能相向转动，从而使固定在辊子上的刀具对胶片产生剪切。为了使每组辊子上的两个

刀具能更好地贴紧、两个刀刃的重合深度更为合适、辊子的同心度找正更加精确，经多次反复的实验，都一一解决，从而使上下刀具在受到外力时，也会很好地咬合在一起，使裁剪胶片更加顺利，裁剪出来的胶片更标准。

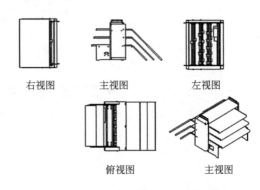

图 1　工业射线 X 光胶片电动裁片机设计图

为了保证对不同尺寸胶片的裁切，电动裁片机的刀头位置应可调节，刀头固定应牢靠，胶片行走辅助轮不应在胶片上产生压痕。

2.4　电动裁片机主要组成及安装

本文设计的电动裁片机主要由转速可调电机、转动齿轮、传动辊子、裁切刀头、胶片行走辅助轮、胶片输入及输出托盘、启动开关、齿轮保护罩等组成。根据设计图纸，首先将电动机安装在自动裁片机框架底部区域，并做好绝缘保护措施，然后依次安装定向、转向齿轮和传动辊子，安装完成后旋紧固定螺钉。电动裁片机实物如图 2 所示。

图 2　工业射线用胶片电动裁片机实物图

3 应用效果

电动裁片机设计制作成功后，将手动裁片刀与电动裁片机进行胶片剪裁时的效果进行了应用比对，比对结果如表2所示。

4 结论

电动裁片机通过调试电动机转速，形成了适宜于胶片裁切又能满足人工操作的传动速度；通过使用柔性胶片行走辅助轮避免了在胶片上产生压痕；通过安装限位装置及漏电保护装置，使电动裁片机更加安全可靠；通过编制操作指导书使得暗室工作人员经过简单培训便可熟练掌握使用方法，且深受检测人特别是从事暗室工作的女同志们的喜爱。

该产品虽然小众，但在无损检测行业中，能够摒弃已沿用了几十年的手动台式裁片刀，也算是行业中的一大进步。电动裁片机的优势在于通过设计发明，使得原来重复性体力劳动变得轻松、简洁、高效。在大幅度提高工作效率的同时，降低了使用裁片刀造成的胶片质量问题，提高了射线胶片照相检测底片一次合格率。

通过近一年的使用证明，该机器操作简单、效率高、运行平稳、维护容易，能够实现射线胶片快速高质量进行裁切。不但提高了效率，也减少了辅助人员数量。对一个检测公司而言，从人工、材料、工效等方面综合考虑，一年可为检测公司节省成本10万元左右。

表2 手动裁片刀与电动裁片机应用效果对比

	手动裁片刀	电动裁片机
效率	效率低（将50张规格为430mm×355mm规格的胶片裁切成300mm×80mm的胶片耗时1h20min）	效率高（将50张规格为430mm×355mm规格的胶片裁切成300mm×80mm的胶片耗时33min）
工序	根据胶片规格需调整裁切方式。将整张430mm×355mm规格的胶片裁成180mm×80mm需手动裁切放置11次，刀起刀落22次	通过调节刀头位置，裁切胶片只需放置3次即可，相同规格胶片裁切时无须调节刀头位置，速度更快
劳动量	手动裁切，尤其在工程胶片需求量大时，在暗室需要连续工作好几个小时，劳动强度大，容易造成腰肌劳损及肘部疾病	暗室人员只需将胶片正确放置到托盘即可，无其他多余操作，劳动强度明显降低
裁片质量	经常出现指甲印、划伤、毛边等	基本无裁切造成的胶片质量问题
安全性	裁切过程中，胶片易划伤手，暗室环境中，裁片刀有伤到手的可能	裁片机危险部位全都用硬防护进行了隔离，安全性非常高，在电动机部位安装了漏电保护装置，确保用电安全
成本	高峰期需要至少两人暗室裁片，裁剪或用力不当造成的废片造成成本浪费，使用有缺陷的胶片进行射线检测，造成检测工作重复进行，耽误施工生产	1人就可满足整个施工周期的底片裁剪任务，节省成本

（作者：徐承尧，中国石油天然气第一建设有限公司，探伤工，高级技师；杨鹏，中国石油天然气第一建设有限公司，探伤工，工程师；黄河婧，中国石油天然气第一建设有限公司，探伤工，助理工程师；卢建昌，中国石油天然气第一建设有限公司，探伤工，高级技师；张云峰，中国石油天然气第一建设有限公司，探伤工，高级技师）

空冷风机变频小改造

◆ 韩云桥

目前空冷风机的驱动形式绝大部分为"一变频一工频"组合的形式（图1），即一台变频（A风机）加一台工频（B风机）。正常运行时，两台风机都启动，中控调节变频的输出频率来改变A风机的转速，从而起到调节空冷冷后温度、降低塔顶压力和调节产品质量的目的。当外界环境温度低时，可以停掉B风机，单靠变频驱动风机。但是如果A风机发生故障，单靠B风机的启动或停止来平衡空冷冷后温度，会使该组空冷发生气相偏流，造成塔压不稳或油击现象。针对上述情况，本文介绍一种空冷变频逻辑的小改造，在变频风机故障的情况下，B风机可以借助A风机的变频器来驱动B风机的风扇，达到控制冷后温度的目的，并且相比单B风机启动有调节幅度小、启动电流小、降低能耗的优点。

1 改造节电原理

当空冷冷后温度变化时，中控DCS系统中需要手动改变对应项输出MV值，相应地就会改变驱动此风机变频器的频率。三相电动机是靠三相定子线圈产生的旋转磁场切割转子线棒产生电动力驱动转子旋转的，定子电流频率的高低，决定了磁场的转速，也就决定了转子的转速。所以，改变电源的频率就可以调节电动机的转速。转速的改变会使风机的风量发生改变，起到调节空冷冷后温度的目的。考虑运行效率，对于风机、泵类装置，其轴功率满足：$P=K_PQH/\eta$，其中QH代表风机输出气体流速和气流压力的乘积，由于Q改变与转速的改变呈线性关系，H的改变与转速的平方的改变呈线性关系，因此风机的功率P与控制其转速的异步电动机转速的立方成线性关系，可以通过调节风机频率来改变风机转速的方式来实现节能降耗是显而易见的。

2 实施方法

2.1 电气控制原理设计

相比原先的一台变频驱动一台风机的"一拖一"方案（图1），空冷风机变频改造后的电气系统采用"一拖二"运行方式（图2），即采用原来的低压变频器分别驱动 A 风机或 B 风机（A、B 风机功率相同）。该方式比原方案只增加了一组设置了机械闭锁和电气连锁以保证系统切换时的人身和设备安全性的手动切换开关，每台风机都可轮流作为变频风机，且原供电方式保持不变。该方案具有运行方便、解放劳动力、提高装置的自动化程度、优化产品质量并节省电能等优点。

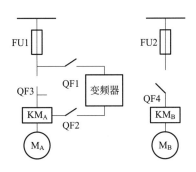

图 1 原电气控制原理图

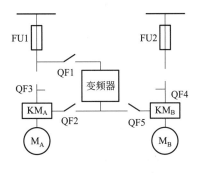

图 2 改造后的电气控制原理图

2.2 现场实施

现场采用 PowerFlex 400 系列变频器，它是一款功能强大、易于使用、灵活且适用于各种工业应用特点的高性能工程型变频器。如图 3 所示，变频器输出经断路器接入负载（A 风机），通过改变输出频率改变电动机的转速。

将同型号电器电缆一端接变频器输出 U、V、W 端，末端接 B 风机的三相输入，中间用 QF5 做断路保护（图4）。

图 3 电气机柜间布置图
1—变频器；2—熔断器；3—断路器；4—接负载；
5—变频器输入；6—变频器输出

3 实施效果

通过 DCS 给定不同输出值，通过现场变频器控制面板读出此刻对应的实测数据，由表1知，随着 DCS 输出的变大，变频器输出频率、电压和电流都会明显变大，造成电动机消耗的功率变大。最小允许频率变频驱动（DCS 输出20%），显示功率 1.68kW；工频驱动功率为 9.41kW，按工业用电 1 元/度的价格，改造后的变频"一拖二"控制每年最多可省 6.8 万元。

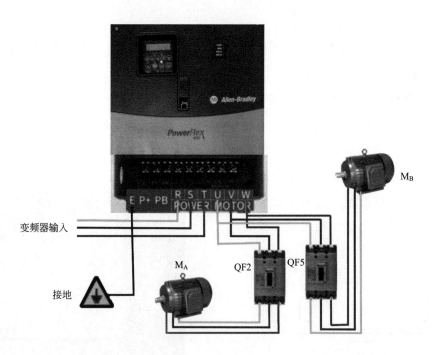

图4　现场连线图

表1　变频器不同频率下实测数据

DCS 输出，%	工作频率，Hz	电压，V	电流，A	输出功率，kW
20	17.32	120	15.6	1.68
40	24.84	172	16.1	2.49
60	32.36	235	18.6	3.93
80	39.84	299	21.2	5.71
100	47.32	363	24.8	8.1
工频输出	50	380	27.5	9.41

4　总结

在变频电机故障时，采用此方案通过变频器控制原工频电动机的转速，实现了电动机的软起动，避免了对电网的冲击，降低了设备的故障率，延长了设备的使用寿命；电动机将在低于额定转速的状态下运行，减少了噪声对周边环境的污染。本方案可完全实现变频的自动控制，可在"一拖一"和"一拖二"模式自由转换，运转状态灵活多样。此设计避免了工频电机用启或停来调节的"极端式"操作，使空冷冷启温度变化范围明显缩小，稳定了系统压力，对产品质量的提升和装置的能耗削减具有重要意义。

参考文献

齐振邦. 风机变频调速应用现状及节能原理[J]. 风机技术，2000（3）：39-41.

（作者：韩云桥，广西石化公司，常减压装置操作工，高级工）

电站锅炉节能型炉水取样冷却装置的研制与应用

◆ 贾洪彬

电站锅炉取样冷却装置是检测炉水、蒸汽品质的重要设备之一，目前国内电站锅炉大都采用分体小罐式加蛇形管冷却，其冷却原理是需要冷却的介质通过冷却罐内的蛇形管，罐内通过流动的冷却水，靠水的快速流动将蛇形管内的介质进行冷却降温，使介质达到合格的取样条件 25 ～ 35℃。这种方式是靠水的快速流动将介质的温度降下来，存在以下问题：

（1）冷却罐设计偏小，冷却效率低。

（2）9 个冷却罐用水量较大，每小时使用 9t 工业水。

（3）冷却罐内蛇形管偏小，冷却面积不足，造成水样温度高致使化验数据不准，容易发生炉管结垢，甚至造成爆管事故，危机锅炉安全运行。

（4）取样器由普通钢板制成，易腐蚀，发生漏水、漏气现象，还容易发生烫伤事故；维修频次多，不利于生产，存在一定的安全隐患。

1 解决思路

为解决以上问题，经过分析研究，设计制作了一个箱式节能型炉水取样冷却装置。把从前的小罐式结构改造成不锈钢箱体式结构，不仅防腐蚀，而且内部空间较大，能充满更多的冷却水，大大增加冷却水与蛇形管的接触面积，从而降低冷却水的流速，从根本上减少了冷却水的使用量，同时又可以使蛇形管内的介质更好地充分冷却。同时，改造后的蛇形管由原来的 150mm 加长到 300mm，增大了冷却水与蛇形管的换热面积，更好地达到了冷却效果及节水的目的。

新增加的供水阀门可以调节取样器冷却水的流量，取样调节阀门能调节取样水流量，达到不浪费冷却水又能高效地冷却取样水的目的。取样器回水管增加为 3 个，确保回水畅通，避免堵塞；箱体底部排污阀门，定期排出箱体下部沉淀物，确保换热效果。

2 节能型取样冷却装置结构及工作原理

2.1 装置结构

节能型取样冷却装置主要由蛇形管、不锈钢冷却箱体、供水阀门、出水阀门、取样调节阀门、取样器回水管、排污阀门等部件组成，如图1所示。

改造后冷却水采用低进高出的方式，出水阀门和出水管位置提高，换热效果更好，还可以调整供水量，在确保水样合格的前提下节水；

改造的取样调节阀门方便取样人员调节取样水流量。

2.2 工作原理

冷却水通过供水阀门进入不锈钢箱体，并充满箱体，与蛇形管内部介质充分换热后经出水阀门排出。需要冷却的锅炉给水、过热蒸汽、饱和蒸汽进入加长了的蛇形管内，与箱体内流动的冷却水进行换热，将需要冷却的介质温度降到取样水的合格温度25～35℃。出水阀门可用来调节取样水温度，取样水温度高了开大出水阀门，取样水温度低了就关小，保证取样水在25～35℃之间。

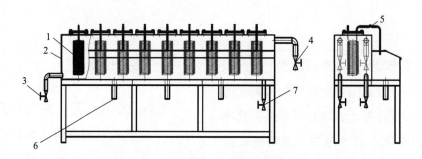

图1 节能型取样冷却装置
1—蛇形管；2—不锈钢冷却箱体；3—供水阀门；4—出水阀门；5—取样调节阀门；
6—取样器回水管（3个）；7—排污阀门

3 现场应用

节能型取样冷却装置于2017年8月至今，已使用在大庆石化公司热电厂锅炉车间4台410t/h煤粉锅炉。相较于旧式取样器，新式取样器避免了由于冷却效果差造成水样温度过高引起的化验数据不准确，以及水样过热造成的烫伤危害，减少了冷却水浪费，避免了由于蒸汽与工业水对箱体的腐蚀造成的泄漏现象。新装置只需要简单的冷热交换系统，不需要人员频繁操作，操作简单，基本没有大的维修工作量，深受员工认可。

4台410t/h煤粉锅炉改造后每年可节约水费约140万元，经济效益十分可观。

参考文献

李建平，陆九成，缪国斌，等.常用减速机"跑外圆"的修复新工艺［J］.铜业工程，2019（5）：110-113.

（作者：贾洪彬，大庆石化热电厂，锅炉装置操作工，高级技师）